全国高职高专环境保护类专业规划教材

噪声污染控制技术

教育部高等学校高职高专环保与气象类专业教学指导委员会组织编写

主　编　汪　葵
副主编　刘青龙
主　审　唐敏康

中国劳动社会保障出版社

图书在版编目(CIP)数据

噪声污染控制技术/汪葵主编. —北京：中国劳动社会保障出版社，2010
全国高职高专环境保护类专业规划教材
ISBN 978-7-5045-8319-2

Ⅰ. 噪… Ⅱ. 汪… Ⅲ. 噪声控制-高等学校：技术学校-教材 Ⅳ. TB535

中国版本图书馆 CIP 数据核字(2010)第 085826 号

中国劳动社会保障出版社出版发行
（北京市惠新东街 1 号 邮政编码：100029）
出 版 人：张梦欣

*

国铁印务有限公司印刷装订 新华书店经销
787 毫米×1092 毫米 16 开本 8.25 印张 189 千字
2010 年 5 月第 1 版 2021 年 1 月第 7 次印刷
定价：15.00 元

读者服务部电话：（010） 64929211/84209101/64921644
营销中心电话：（010） 64962347
出版社网址：http://www.class.com.cn

全国高职高专环境保护类专业规划教材编委会

刘明华　河北秦皇岛市环境监测站
姜松岐　哈尔滨市固废辐射管理中心
牛树奎　北京林业大学
谷群广　邢台职业技术学院
崔宝秋　锦州师范高等专科学校
丁邦东　扬州工业职业技术学院
展惠英　甘肃联合大学
彭　波　南京化工职业技术学院
王　政　中国环境管理干部学院
关贺群　黑龙江省伊春林业学校
梁贤军　四川化工职业技术学院
郭春明　黑龙江建筑职业技术学院
刘青龙　江西环境工程职业学院
裘建平　金华职业技术学院
雷　頔　南昌理工学院
石碧清　中国环境管理干部学院
颜廷良　江苏盐城技师学院
王中华　泰州职业技术学院
叶兴刚　十堰职业技术学院
郭有才　邢台职业技术学院
段晓莹　邢台财贸学校
焦桂枝　河南城建学院
马永刚　黑龙江生物科技职业学院
吴　琦　哈尔滨工程大学
梁　晶　黑龙江生态工程职业学院
张朝阳　长沙环保职业技术学院
丁可轩　黄河水利职业技术学院
连志东　北京市环境保护局

序　言

环境保护是伴随人类社会经济发展永恒的主题，我国党和政府一贯高度重视环境保护工作。近年来，随着我国经济建设的快速发展，社会和企业对环境保护应用型人才的需求日益扩大，这给高职高专环境保护专业建设带来了新的机遇和挑战。为了更有力地推动环境保护专业教育的发展和专业人才的培养，加强教材建设这一专业建设的重要基础工作，教育部高等学校高职高专环境保护与气象类专业教学指导委员会（以下简称“教指委”）与人力资源和社会保障部教材办公室结合各自的领域优势，共同组织编写了“全国高职高专环境保护类专业规划教材”。本套教材包括《环境监测》《水污染控制技术》《大气污染控制技术》《噪声污染控制技术》《固体废物处理与处置》《污水处理厂（站）运行管理》《环境保护概论》《环境管理》《环境生态学基础》《环境影响评价》《环境法实务》《环境工程制图与 CAD》《室内环境检测》《环境保护设备及其应用》《环境专业英语》《环境工程微生物技术》《环境工程给水排水技术》17 种。

本套全国规划教材的编写力求满足高职高专环境保护类专业课程体系和课程教学的新发展，立足教学现状，力求创新，在吸收已有教材成果的基础上，将本学科最新的理论、技术和规范纳入教学内容，并与国家最新的相关政策标准、法律法规保持一致。为满足培养应用型人才目标的需要，整套教材体现了职业教育特色，避免大量理论问题的分析和讨论，强调以实际技能和职业需求带动教学任务，技能实训部分采用项目模块化编写模式，提倡工学结合，增加可操作性和工作实践性，为学生今后的职业生涯打下坚实的基础。同时，每章列有学习目标、章后小结和形式多样的复习题，便于学生理清知识脉络、掌握学习重点；丰富的课外阅读材料可让学生在学习中提高兴趣，拓宽视野。

在本套教材开发过程中，教指委进行精心的组织指导，全国 20 余所高等院校、科研院所近百名专家和老师积极参与编写和审订，在此特向他们表示衷心的感谢！

我们相信，本套教材的出版必将为我国高职高专环境保护类专业的发展和教材建设做出重要的贡献。因时间紧迫和各因素的制约，教材中难免仍有不足之处，恳请专家学者、广大师生和其他读者提出宝贵意见。

全国高职高专环境保护类专业规划教材编委会

2009 年 6 月

内 容 简 介

本书根据高职高专环境类专业教材的基本要求编写而成，内容紧密结合噪声污染治理行业、企业岗位高技能人才的实际需求，突出了教材的工程实用性与实践性。

本书共分 8 章，内容包括：绪论、噪声控制基础、隔声、吸声、消声、隔振与阻尼、噪声的测量、噪声环境影响评价以及技能训练等。本书内容注重理论与实践结合，体现了高等职业教育的特色。

本教材为教育部高等学校高职高专环保与气象类专业教学指导委员会组织编写的全国高职高专环境保护类专业规划教材之一，供环境保护高职高专相关专业师生教学使用，也可作为从事环境噪声治理技术人员的参考书。

前　言

随着现代工业、交通运输业和城市建设的发展，环境噪声污染已成为国内外影响最大的公害之一。为满足社会对环境噪声治理专门人才，特别是具有从事环境噪声污染控制的综合职业能力，在生产、服务、技术和管理第一线工作的高素质劳动者的需求，许多学校先后开设了环境噪声污染控制课程，培养出一批又一批职业人才。为了满足职业教学需要，编者在原有教材的基础上，集多年的教学和科研经验，编成此书。

本书充分考虑职业教育对教材的要求，以学生为本，注重对专业素质和能力的培养。在编排的过程中，力求教材的实用性。重点介绍目前噪声污染控制的基本方法、控制设备以及典型的应用实例，概况性的介绍有关噪声污染控制技术的基本原理，对于一些必要的计算，只是介绍最基本的计算方法，复杂的计算本书介绍的很少甚至不介绍。

本书在编写时，考虑职业教育学生学习的特点，在主要章节后安排了技能训练、阅读材料、思考与练习等内容，旨在锻炼学生的专业技能、扩大学生的知识面。

本书由江西环境工程职业学院汪葵（编写绪论、第6章）、江西环境工程职业学院刘青龙（编写第1章、第2章）、南昌理工学院雷颉（编写第3章、第4章）、金华职业技术学院裘建平（编写第5章、第7章）编写，全书由汪葵主编并统稿、刘青龙任副主编。

本书由江西理工大学唐敏康教授担任主审，提出了许多指导性意见和建议，并予以大力支持，在此表示衷心感谢。

本书在编写过程中，参考并引用了大量文献资料，并邀请行业、企业专家对书稿进行了审阅。在此，谨对参考文献的原作者和对本书提出宝贵意见和建议的行业、企业专家表示衷心的感谢。

由于编者水平有限，再加时间仓促，错误和疏忽之处在所难免，诚望广大读者批评指正。

编　者

2010 年 3 月

目　录

绪 论

1. 噪声的概念

物体的振动能产生声音，声波经空气媒介的传递使人耳感觉到声音的存在。但是，人们听到的声音有的很悦耳，有的却很难听甚至使人烦躁，那是什么道理呢？从物理学的角度讲，声音可分为乐音和噪声两种。当物体以某一固定频率振动时，耳朵听到的是具有单一音调的声音，这种以单一频率振动的声音称为纯音。但是，实际物体产生的振动是很复杂的，它是由各种不同频率的许多简谐振动所组成的，把其中最低的频率称为基音，比基音高的各频率称为泛音。如果各次泛音的频率是基音频率的整数倍，那么这种泛音称为谐音。基音和各次谐音组成的复合声音听起来和谐悦耳，这种声音称为乐音。钢琴、提琴等各种乐器演奏时发出的声音就具有这种特点。这些声音随时间变化的波形是有规律的，而它所包含的频率成分中基音和谐音之间成简单整数比。所以，凡是有规律振动产生的声音就称为乐音。

如果物体的复杂振动由许许多多频率组成，而各频率之间彼此不成简单的整数比，这样的声音听起来既不悦耳，也不和谐，还会使人产生烦躁。这种频率和强度都不同的各种声音杂乱地组合而产生的声音就称为噪声。各种机器噪声之间的差异就在于它所包含的频率成分和其相应的强度分布都不相同，因此使噪声具有了各种不同的种类和性质。从环境和生理学的观点分析，凡是使人厌烦的、不愉快的和不需要的声音都统称为噪声，它包括危害人们身体健康的声音，干扰人们学习、工作和休息的声音及其他不需要的声音。

2. 噪声的类型

一般来说，噪声主要分为过响声、妨碍声、不愉快声、无影响声等几类。过响声是指很响的声音，如喷气发动机排气声、大炮射击的轰鸣声等。妨碍声是指一些声音虽不太响但它妨碍人们交谈、思考、学习和睡眠的声音。如摩擦声、刹车声、吵闹声等噪声称为不愉快声。人们生活中习以为常的如室外风声、雨声、虫鸣声等声音称为无影响声。

（1）按城市环境噪声分类

根据噪声源的不同，噪声可分为工业噪声、交通噪声、建筑施工噪声和生活噪声四种。

工业噪声是指工厂在生产过程中，由于机械振动、摩擦撞击及气流扰动产生的噪声。

交通噪声是指飞机、火车、汽车和拖拉机等交通运输工具在飞行和行驶中所产生的噪声。

建筑施工噪声是指建筑工地在施工过程中由建筑机械发生的噪声。例如，距声源 15 m 处测得打桩机噪声为 95～105 dB，混凝土搅拌机噪声为 80～90 dB，推土机噪声为 78～96 dB。

生活噪声是指街道以及建筑物内部各种生活用品设备和人们日常活动所产生的噪声。

工业噪声、交通噪声、建筑施工噪声和生活噪声也是构成环境噪声的四个主要来源。噪声使人感到烦恼，强的噪声还会给人体健康带来危害。

（2）按发声机理分类

按噪声产生的机理，可分为机械噪声、空气动力性噪声和电磁噪声。

机械噪声是由于机械部件之间，在摩擦力、撞击力和非平衡力的作用下振动而产生的。简而言之，是固体振动产生的噪声。机械噪声的特征是与受激振部件大小、形状、边界条件、激振力的特性有关。织布机、球磨机、车床、齿轮等发出的噪声是典型的机械噪声。

空气动力性噪声是由下述多种形式形成：高速或高压气流与周围空气介质剧烈混合而辐射噪声，如锅炉排气放空噪声等；气流流经障碍物后，形成涡流而辐射噪声，如气流流经阀门产生的噪声等；旋转的动力机械作用于气体，产生压力脉冲而辐射噪声，如飞机螺旋桨转动时发生的噪声等；进、排气时，使周围空气的压强和密度不断受到扰动而产生噪声，如鼓风机的进、排气噪声等。综上所述，凡高速气流、不稳定气流以及由于气流与物体相互作用产生的噪声，称为空气动力性噪声。

电磁噪声是由电磁场的交替变化，而引起某部机械部件或空间容积振动产生的。噪声的主要特征取决于交变磁场特性、被激发振动部件和空间的大小形状等。电磁噪声包括电动机、发电机、变压器和日光灯镇流器等发出的噪声。

3. 噪声的危害

噪声的危害是多方面的，噪声不仅对人们的正常生活和工作造成极大干扰，影响人们交谈、思考，影响人的睡眠，使人感到烦躁，反应迟钝，工作效率降低，分散人的注意力，引起工作事故，更严重的情况是噪声可使人的听力和健康受到损害。

（1）噪声对听力的损伤

大量的调查研究表明，人们长期在强噪声环境下工作，内耳听觉组织会受到损伤，造成耳聋，噪声的强度越大、频率越高、作用时间越长、个人耐力越小，则危害越严重。据统计资料表明，80 dB（A）以下的噪声不会引起噪声性耳聋；80～85 dB（A）的噪声会造成轻微的听力损伤；85～100 dB（A）的噪声会造成一定数量的噪声性耳聋；而在 100 dB（A）以上时，则造成相当大数量的噪声性耳聋。人在没有思想准备的情况下，强度极高的爆震性噪声（如突然放炮、爆炸时）可使听力在一瞬间永久丧失，即产生爆震性耳聋，这时人的听觉器官将遭受严重创伤。

（2）噪声对人体的生理影响

噪声对人体健康的影响是多方面的。噪声作用于人的中枢神经系统，使人们大脑皮层的兴奋与抑制平衡失调，导致条件反射异常，使脑血管张力遭到损害。这些生理上的变化，在早期能够恢复原状，但时间一久，就会导致病理上的变化，使人产生头痛、脑涨、耳鸣、失眠、心慌、记忆力衰退和全身疲乏无力等症状。噪声作用于中枢神经系统还会影响胎儿发育，造成胎儿畸形，并且妨碍儿童智力发育。

噪声对消化系统、心血管系统也有严重的不良影响，会造成消化不良、食欲不振、恶心呕吐，从而导致胃病的发病率提高，使高血压、动脉硬化和冠心病的发病率比正常情况高出2～3倍。噪声对视觉器官也会造成不良的影响。据调查，在高噪声环境下工作的人常有眼病、视力减退、眼花等症状。

(3) 噪声对仪器设备和建筑结构的危害

噪声对仪器设备也会有严重影响，当噪声超过135 dB时电子仪器的连接部位会出现错动，引线产生抖动，微调元件发生偏移，使仪器发生故障而失效。强噪声会使机械结构因声疲劳而断裂酿成事故。在冲击波的作用下，建筑物会出现墙壁开裂、屋顶掀起、玻璃破碎、烟囱倒塌等故障。

4. 噪声控制的基本途径

同水体污染、大气污染和固体废物污染不同，噪声污染是一种物理性污染，它的特点是局部性和没有后效的。噪声在环境中只是造成空气物理性质暂时的变化，噪声源的声输出停止之后，污染立即消失，不留下任何残余物质。噪声的防治主要是控制声源和声的传播途径，以及对接收者进行保护。

解决噪声污染问题的一般程序是首先进行现场噪声调查，测量现场的噪声级和噪声频谱，然后根据有关的环境标准确定现场容许的噪声级，并根据现场实测的数值和容许的噪声级之差确定降噪量，进而制定技术上可行、经济上合理的控制方案。

(1) 控制途径

1) 声源控制

运转的机械设备和运输工具等是主要的噪声源，控制它们的噪声有两条途径：一是改进结构，提高其中部件的加工精度和装配质量，采用合理的操作方法等，以降低声源的噪声发射功率。二是利用声的吸收、反射、干涉等特性，采用吸声、隔声、减振、隔振等技术，以及安装消声器等，控制声源的噪声辐射。

采用各种噪声控制方法，可以收到不同的降噪效果。如将机械传动部分的普通齿轮改为有弹性轴套的齿轮，可降低噪声15～20 dB；把铆接改成焊接，把锻打改成摩擦压力加工等，一般可减低噪声30～40 dB。

2) 传声途径的控制

传声途径控制的主要措施有：①声在传播中的能量是随着距离的增加而衰减的，因此使噪声源远离需要安静的地方，可以达到降噪的目的。②声的辐射一般有指向性，处在与声源距离相同而方向不同的地方，接收到的声强度也就不同。不过多数声源以低频辐射噪声时，指向性很差；随着频率的增加，指向性就增强。因此，控制噪声的传播方向（包括改变声源的发射方向）是降低噪声尤其是高频噪声的有效措施。③建立隔声屏障，或利用天然屏障（如土坡、山丘等），以及利用其他隔声材料和隔声结构来阻挡噪声的传播。④应用吸声材料和吸声结构，将传播中的噪声声能转变为热能等。⑤在城市建设中，采用合理的城市防噪声规划。此外，对于固体振动产生的噪声采取隔振措施，以减弱噪声的传播。

3) 接收者的防护

为了防止噪声对人的危害，可采取下述防护措施：①佩戴护耳器，如耳塞、耳罩、防声盔等。②减少在噪声环境中的暴露时间。③根据听力检测结果，适当调整在噪声环境中的工作人员。人的听觉灵敏度是有差别的。如在 85 dB 的噪声环境中工作，有人会耳聋，有人则不会。可以每年或几年进行一次听力检测，把听力显著降低的人调离噪声环境。

（2）控制措施的选择

合理地控制噪声的措施，是根据噪声控制费用、噪声容许标准、劳动生产效率等有关因素进行综合分析确定的。以一个车间为例，如果噪声源是一台或少数几台机器，而车间里工人较多，一般可采用隔声罩，降噪效果为 10～30 dB；如果车间里工人少，经济有效的方法是用护耳器，降噪效果为 20～40 dB；如果车间里噪声源多而分散，工人又多，一般可采取吸声降噪措施，降噪效果为 3～15 dB；如果工人不多，可用护耳器，或者设置供工人操作用的隔声间。机器振动产生噪声辐射，一般采取减振或隔振措施，降噪效果为 5～25 dB。如机械运转使厂房的地面或墙壁振动而产生噪声辐射，可采用隔振机座或阻尼措施。

1 噪声控制基础

随着现代工业、建筑业和交通运输业的迅速发展，各种机械设备、交通工具在急剧增加，噪声污染日益严重，它影响和破坏人们的正常工作和生活，危害人体健康，在《中华人民共和国环境噪声污染防治法》中，环境噪声是指在工业生产、建筑施工、交通运输和社会生活中所产生的影响周围生活环境的声音。

1.1 声音的产生

1.1.1 声源

在日常生活中，存在各种各样的声音，有谈话声、广播声、各种车辆运动声、工厂的各种机器声等。人们的一切活动离不开声音，正因为有了声音，才能进行交谈，才能从事生产和社会实践活动。如果没有声音，整个世界将处于难以想象的寂静中。可见声音对人类是非常重要的。那么，声音是怎样产生的呢？人们大声说话时，喉头在振动；喇叭发声时，纸盆在振动；音叉发声时，叉股在振动。大量事实表明，声音是由于物体的振动产生的。人们周围产生振动的声源非常丰富，如正在演奏的乐器、鸣叫的动物以及各种运转的机器。不仅固体因振动而发声，液体和气体也会因振动而发声。唐代诗人孟浩然的诗“春眠不觉晓，处处闻啼鸟。夜来风雨声，花落知多少”中的鸟声、雨声、风声分别是固体、液体和气体的振动而产生的声音。总之，物体的振动是产生声音的根源。发出声音的物体称为声源。声源发出的声音必须通过中间媒质才能传播出去。

1.1.2 声音的传播

当声源振动时，就会引起周围弹性介质——空气分子的振动。这些振动的分子又会使其周围的空气分子产生振动。这样，声源产生的振动就以声波的形式向外传播。声波不仅可以在空气中传播，而且可以在液体和固体中传播。但是，声波不能在真空中传播，因为真空中不存在能够产生振动的弹性媒质。根据传播媒质的不同，可以将声分成空气声、水声和固体（结构）声等类型。

在空气中，声波是一种纵波，这时的媒质质点振动方向是与声波的传播方向相一致。反之，将质点振动方向与声波传播方向相互垂直的波称为横波。在固体和液体中既可能存在声波的纵波，也可能存在声波的横波。

纵波和横波都是通过质点间的动量传递来传播能量的，而不是由物质的迁移来传播能量的。例如，向水池中投掷小石块，就会引起水面的起伏变化，向外一圈一圈地传播，但水质点（或水中的漂浮物）只是在原位置上下运动，并不向外移动。

物体振动会产生声音，如果物体振动的幅度随时间的变化如正弦曲线那样，那么这种振动称为简谐振动。物体作简谐振动时周围的空气质点也作简谐振动。物体离开静止位置的距离称为位移 x，最大的位移称为振幅 a，简谐振动位移与时间的关系可表示为：$x=\sin(2\pi ft+\varphi)$，其中 f 为频率，$\sin(2\pi ft+\varphi)$ 叫简谐振动的相位角，它是决定物体运动状态的重要物理量，φ 表示 $t=0$ 时的相位角叫初相位。振幅 a 的大小决定了声音的强弱。

物体在 1 s 内振动的次数称为频率，单位为赫兹（Hz），简称赫。声音每秒钟振动的次数越多，其频率越高，人耳听到的声音就越尖，或者说音调越高。人耳并不是对所有频率的振动都能感受到的。一般说来，人耳只能听到频率为 20～20 000 Hz 的声音，通常把这一频率范围的声音叫音频声：低于 20 Hz 的声音叫次声，高于 20 000 Hz 的声音叫超声。次声和超声人耳都不能听到，仅有一些动物能听到，例如，老鼠能听到次声，蝙蝠能感受到超声。

振动在媒质中传播的速度叫声速。在任何一种媒质中的声速取决于该媒质的弹性和密度。声音在空气中的传播速度还随空气温度的升高而增加。声音在不同媒质中传播的速度也是不同的，在液体和固体中的传播速度一般要比在空气中快，例如，在水中声速为 1 450 m/s，而在钢中则为 5 000 m/s。

声波中两个相邻的压缩区或膨胀区之间的距离称为波长 λ，单位为 m。波长、频率和速度间存在如下的关系：

$$\lambda=c/f=cT$$

其中 T 为周期，是物体来回振动一次所需的时间。因此，波长是声音在一个周期的时间中所行进的距离。波长和频率成反比，频率越高，波长越短；频率越低，波长越长。

1.2 噪声的声学特征

与乐音相比，噪声具有许多相同的声学特征，也有不同的特点。为了对噪声进行控制和治理，必须对噪声的声学特征、噪声频谱进行分析。本节主要学习噪声的物理度量和主观评价量，包括声压、声强、声功率、声压级、声强级、声功率级、响度和响度级等基本概念。

1.2.1 噪声的物理量度

1.2.1.1 声压与声压级

如前所述，声音在介质中是以波动方式传播的。当没有声波存在、大气处于静止状态时，其压强为大气压强 p_0。当有声波存在时，局部空气产生压缩或膨胀，在压缩的地方压强增加，在膨胀的地方压强减少，这样就在原来的大气压上又叠加了一个压强的变化。这个叠加上去的压强变化是由于声波而引起的，称为声压，用 p 表示，其单位是 N/m^2 或帕斯卡

(简称帕)。声压的大小与物体的振动有关，物体振动的振幅越大，则压强的变化也越大，因此声压也越大，人们听起来就越响。

当物体作简谐振动时，空间各点产生的声压也是随时间作简谐变化，某一瞬间的声压称为瞬时声压。在一定时间间隔中将瞬时声压对时间求方均根值即得到有效声压。一般用电子仪器测得的声压即是有效声压。因此，习惯上所指的声压往往是指有效声压，用 p_e 表示，它与声压幅值 p_A 之间的关系为：$p_e=p_A/\sqrt{2}$。

人们在日常生活中会遇到各种声音，其声压数据举例如下：

正常人耳能听到的最弱声音	2×10^{-5} Pa
织布车间	2 Pa
普通说话声（1 m 远处）	2×10^{-2} Pa
柴油发动机、球磨机	20 Pa
公共汽车内	0.2 Pa
喷气式飞机起飞	200 Pa

声压是表示声音强弱最常用的物理量，大多数声接收器都是相应于声压的。多大的声压能使人耳具有声音的感觉呢？正常人耳能听到的最弱声压为 2×10^{-5} Pa，称为人耳的“听”。当声压达到 20 Pa 时，人耳就会产生疼痛的感觉，20 Pa 为人耳的“痛阈”。“听”与“痛阈”的声压之比为一百万倍。

由于正常人耳能听到的最弱声音的声压和能使人耳感到疼痛的声音，其声压变化范围从 2×10^{-5}～20 Pa，相差一百万倍，表达和应用起来很不方便。同时，实际上人耳对声音大小的感受也不是线性的，它不是正比于声压绝对值的大小，而是同它的对数近似成正比。因此，如果将两个声音的声压之比用对数的标度来表示，那么不仅应用简单，而且接近于人耳的听觉特性。这种用对数标度来表示的声压称为声压级，它用分贝来表示。某一声音的声压级定义是：该声音的声压 A 与某参考声压 AM 的比值取以 10 为底的对数再乘以 20，即：

$$L_p=20\lg(p/p_0)$$

L_p 为声压级，单位分贝，记作 dB；p_0 是参考声压，国际上规定 $p_0=2\times10^{-5}$ Pa，这就是人耳刚能听到的最弱声音的声压值。

引入声压级的概念后，巨大的数字就可以大大简化。听的声压为 2×10^{-5} Pa，其声压级就是 0。普通说话声的声压是 2×10^{-2} Pa，代入上式，可得与此声压相应的声压级为 60 dB。使人耳感到疼痛的声压是 20 Pa，它的声压级则为 120 dB，听与痛的声压之比从 100 万倍的变化范围变成 0～120 dB 的变化。所以，这种方法已为世人所公认和普遍采用。目前国内外声学仪器上都采用分贝刻度，从仪器上可以直接读出声压级的分贝数。

1.2.1.2 声强与声强级

声波的强弱可以用几种不同的方法来描述，最方便的一般是测量它的声压，这要比测量振动位移、振动速度更方便更实用。但是有时需要直接知道机器所发出噪声的声功率，这时就要用声能量和声强来描述。

任何运动的物体包括振动物体在内都能够做功，通常说它们具有能量，这个能量来自振动的物体，因此，声波的传播也必须伴随着声振动能量的传递。当振动向前传播时，振动的能量也跟着转移。在声传播方向上，单位时间内垂直通过单位面积的声能量，称为声音的强度或简称声强，用 I 表示，单位是 w/m^2。声强的大小可用来衡量声音的强弱，声强越大，人们听到的声音越响；声强越小，人们感觉的声音越轻。声强与离开声源的距离有关，距离越远，声强就越小。例如火车开出站台后，越走越远，传来的声音也越来越轻。

与声压一样，声强也可用“级”来表示，即声强级 L_I，它的单位也是分贝（dB），定义为：

$$L_I=10\ \lg\ (I/I_0)\ =10\ \lg I+120$$

其中 I_0 为参考声强，$I_0=10^{-12}\ w/m^2$，它相当于人耳能听到最弱声音的强度。声强级与声压级的关系是：

$$L_I=L_p+10\ \lg\ (400/\rho c)$$

媒质的 ρc 随媒介的温度和气压而改变。如果在测量条件时恰好 $\rho c=400$，则 $L_I=L_p$。在一般情况下，声强级与声压级相差一修正项 $10\ \lg\ (400/\rho c)$，数值是比较小的。

例如，在室温 20℃和标准大气压下，声强级比声压级约小 0.1 dB，这个差别可略去不计，因此，在一般情况下认为声强级与声压级的值相等。

1.2.1.3　声功率与声功率级

声功率为声源在单位时间内辐射的总能量，用符号 W 表示，通常采用瓦（W）作为声功率的单位。声强和声源辐射的声功率有关，声功率越大，在声源周围的声强也越大，两者成正比，它们的关系为：

$$I=W/S$$

其中，S 为波阵面面积。

如果声源辐射球面波，那么在离声源为 r 处的球面上各点的声强为：

$$I=W/4\pi r^2$$

从这个式子可以知道，声源辐射的声功率是恒定的，但声场中各点的声强是不同的，它与距离的平方成反比。如果声源放在地面上，声波只向空中辐射，这时：

$$I=W/2\pi r^2$$

声功率是衡量噪声源声能输出大小的基本量。声压依赖于很多外在因素，如接收者的距离、方向、声源周围的声场条件等，而声功率不受上述因素影响，可广泛用于鉴定和比较各种声源。但是，在声学测量技术中，到目前为止，可以直接测量声强和声功率的仪器比较复杂和昂贵，它们可以在某种条件下利用声压测量的数据进行计算得到。当声音以平面波或球面波传播时声强与声压间的关系为：

$$I=p^2/\rho c$$

因此，利用公式，根据声压的测量值就可以计算声强和声功率。

声功率用级来表示时称为声功率级 L_W 单位也是 dB，其声功率级为：

$$L_W=10\ \lg\ (W/W_0)$$

其中 W_0 为参考声功率，取 $W_0=10^{-12}W$。

由此可以看到，分贝是一个相对比较的对数单位。其实任何一个变化范围很大的声物理量都可以用分贝这个单位来描述它的相对变化。

1.2.1.4　噪声的频谱与频带

从噪声与乐音的概念分析可知，它们的区别除了主观感觉上有悦耳和不悦耳之分外，在物理测量上可对它进行频率分析，并根据其频率组成及强度分布的特点来区分。对复杂的声音进行频率分析并用横轴代表频率、纵轴代表各频率成分的强度（声压级或声强级），这样画出的图形叫频谱图。乐音的频谱图由不连续的离散频谱线构成，在噪声的频谱图上各频率成分的谱线排列得非常密集，具有连续的频谱特性。在这样的频谱中声能连续分布在整个音频范围内，大多数机器具有连续的噪声频率，也称为无调噪声。有些机器（如鼓风机、感应电动机等）所发声音的频谱中，既具有连续的噪声频率，也具有非常明显的离散频率成分，这种成分一般是由电动机转子或减速器齿轮等旋转构件的转数决定的，它使噪声具有明显的音调，但总的说来它仍具有噪声的性质，称为有调噪声。

噪声的频率从 20～20 000 Hz，高音和低音的频率相差 1 000 倍。为实际应用方便起见，一般把这一宽广的频率变化范围划分为一些较小的段落，这就是频带。一般只需测出各频带的噪声强度就可画出噪声频谱图。那么，频带是怎样划分的呢？用于分析噪声的滤波器可把某一频带的低于截止频率 f_1 以下和高于截止频率 f_2 以上的信号滤掉，只让 $f_2 \sim f_1$ 之间的信号通过。因此，这一中间区域称为通带，$\Delta f = f_2 - f_1$，就是频带宽度，简称带宽。为测量噪声而设计的滤波器有倍频带、1/2 倍频带和 1/3 倍频带滤波器。一般对 n 倍频带作如下定义：

$$f_2/f_1 = 2^n$$

当 $n=1$ 时，$f_2/f_1=2$，即高低截止频率之比为 2∶1，这样的频率比值所确定的频程称为倍频程，这种频带称倍频带。同此，当 $n=1/2$ 时，$f_2/f_1=2^{1/2}$，称为 1/2 倍频带。目前，各种测量中经常使用 1/3 倍频带，即 $n=1/3$，此时每一频带的高低截止频率之比为 $f_2/f_1=2^{1/3}$。频带的高低截止频率 f_2 和 f_1 与中心频率 f_0 间有下列关系：

$$f_0 = \sqrt{f_1 \cdot f_2}$$

从上式可得到倍频带和 1/3 倍频带的带宽 Δf，分别为：

$n=1$ 时，$\Delta f = f_2 - f_1 = 0.707 f_0$

$n=1/3$ 时，$\Delta f = f_2 - f_l = 0.23 f_0$

在噪声测量中经常使用的频带是倍频带和 1/3 频带。由频谱图可知，有的机器噪声低频成分多些，如图 1—1a 所示，空压机噪声都在低频段，称为低频噪声；有的机器像电锯、铆枪等辐射的噪声，以高频成分为主，如图 1—1b 所示，称为高频噪声；而图 1—1c 所示的是宽带噪声，它均匀地辐射从低频到高频的噪声。

一般说来，测量时选用的频带宽度不同，所测得的声压级就不同，也即窄频带不允许有宽频带那样多的噪声通过。为了对不同噪声进行比较，可将 1/3 倍频带的声压级与倍频带声压级进行换算。一般将 Δf 宽度的频带声压级换算到 $\Delta f'$ 宽度的频带声压级，可由下式计算：

$$L_{\Delta f'} = L_{\Delta f} - 10\lg(\Delta f/\Delta f')$$

由上式可算出 1/3 倍频带声压级，加 4.8 dB 后即可得倍频带声压级。

1.2.2 噪声的主观评价

噪声主观评价是从噪声对人的心理影响的角度来量度噪声的方法。噪声对人心理和生理的影响是非常复杂且多方面的，如烦恼、语言干扰、行为妨害等，甚至有时噪声的客观量不能正确反映人对噪声的主观感觉，而且因人而异。因此，人们需要一些统计上能正确反映主

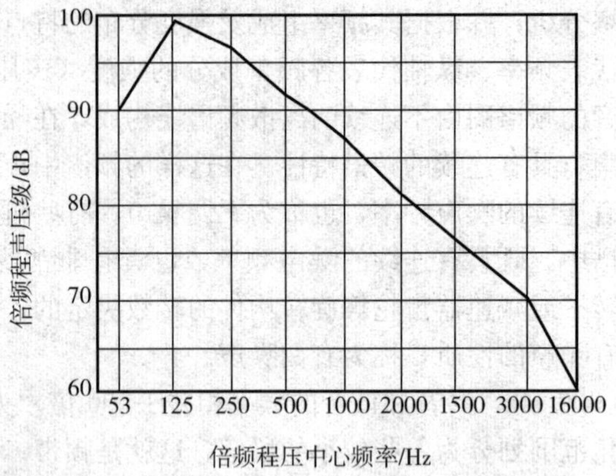

a）

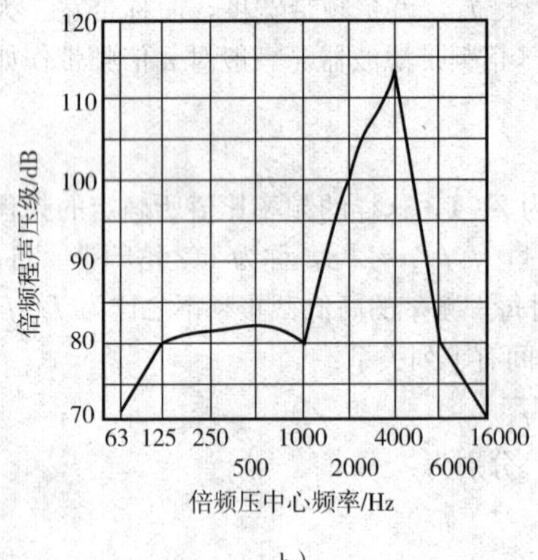

b）

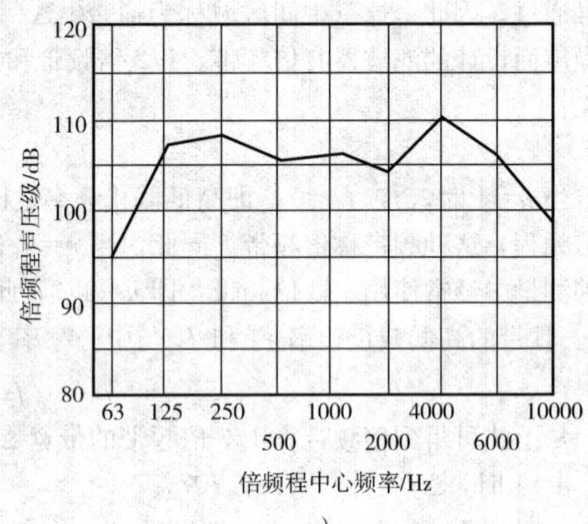

c）

图 1—1　噪声源频谱

a）空压机　b）木工厂电器　c）柴油机进气口

观感觉的评价量，并把这些主观评价量同噪声的客观物理量建立起联系，这是噪声主观评价的任务。在噪声主观评价的研究发展史上，曾提出过许多评价量，本节主要介绍几种最基本和常用的评价量。

1.2.2.1　响度与响度级

声音的强弱叫做响度。响度是感觉判断的声音强弱，即声音响亮的程度，根据它可以把声音排成由轻到响的序列。响度大小主要依赖于声强，也与声音的振幅有关。响度的单位是“宋”（sone），定义 1 千赫（kHz）纯音声压级为 40 dB 时的响度为 1 sone。

如果把某个频率的纯音与一定响度的 1 kHz 纯音很快地交替比较，当听者感觉两者为一样响时，把该频率的声强标在图上，便可画出一条等响曲线。把 1 kHz 纯音时声强的分贝数称为这条等响曲线的以“方”为单位的响度级。图 1—2 所示为自由声场中测得的等响曲线图。

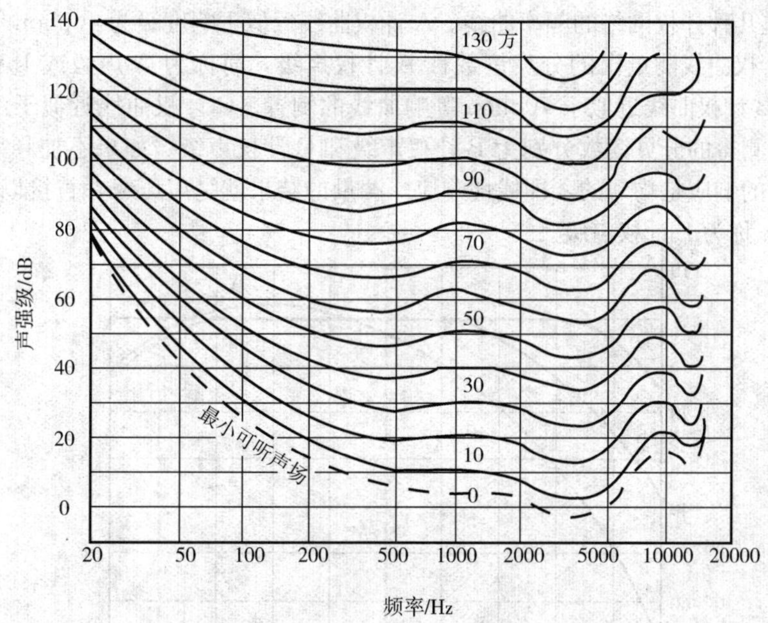

图 1—2 自由声场中测得的等响曲线

人耳对声音的感觉，不仅和声压有关，而且和频率有关。声压级相同、频率不同的声音，听起来响亮程度也不同。如空压机与电锯等，同是 100 dB 声压级的噪声，听起来电锯声要响得多。按人耳对声音的感觉特性，依据声压和频率定出人对声音的主观音响感觉量，称为响度级，单位为方。

以频率为 1 000 Hz 的纯音作为基准音，其他频率的声音听起来与基准音一样响，该声音的响度级等于基准音的声压级。例如，某噪声的频率为 100 Hz，强度为 50 dB，其响度与频率为 1 000 Hz，强度为 20 dB 的声音响度相同，则该噪声的响度级为 20 方。人耳对高频噪声是 1 000～5 000 Hz 的声音敏感，对低频声音不敏感。例如，同是 40 方的响度级，对 1 000 Hz的声音来说，声压级是 40 dB；4 000 Hz 的声音，声压级是 37 dB；100 Hz 的声音，声压级是 52 dB；30 Hz 的声音，声压级是 78 dB。也就是说，低频的 80 dB 的声音，听起来和高频的 37 dB 的声音感觉是一样的。但是，声压级在 80 dB 以上时，各个频率的声压级与响度级的数值就比较接近，这表明当声压级较高时，人耳对各个频率的声音的感觉基本是一样的。

1.2.2.2 计权声级

如上所述，对于相同强度的纯音，如果频率不同，则人们主观感觉到的响度是不同的，而且不同响度级的等响曲线也是不平行的，即在不同声强的水平上，不同频率的响度差别也有不同。在评价一种声音的大小时，考虑到人们主观上的响度感觉，人们设计一种仪器，把 300 Hz、40 dB 左右的响度降低 10 dB，从而使仪器反映的读数与人的主观感觉相接近。其他频率也根据等响曲线作一定的修正。这种对不同频率给以适当增减的方法称为频率计权。经频率计权后测量得到的分贝数称为计权声级。因为在不同声强水平上的等响曲线不同，要使仪器能适应所有不同强度的响度修正值是困难的。常用的有 A、B、C 三种计权网络，图

1—3 所示为这几种计权网络的频率曲线。A 计权曲线近似于响度级为 40phon 等响曲线的倒置。经过 A 计权曲线测量出的分贝读数称 A 计权声级，简称为 A 声级或 LA，表示为 dB (A)。同样，B 计权曲线近似于 70phon 等响曲线的倒置。C 计权曲线近似于 100phon 等响曲线的倒置。测得的分贝读数分别为 B 计权声级和 C 计权声级。如果不加频率计权，即仪器对不同频率的响应是均匀的，即线性响应，测量的结果就是声压级，直接以分贝或 dB 表示，记作 L_{in}，称为 L 计权声级。

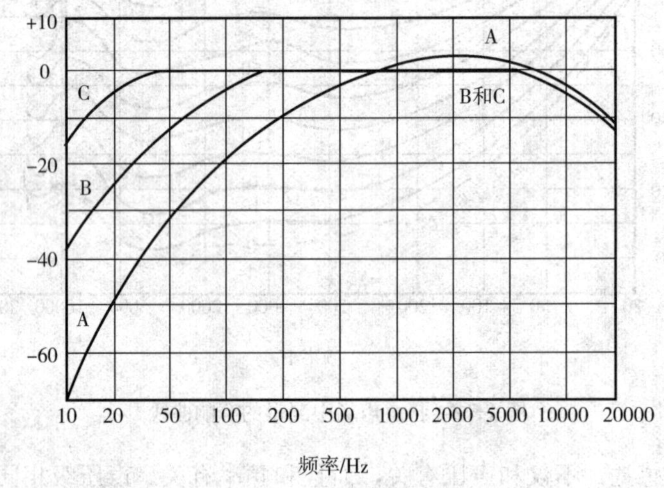

图 1—3　计权网络频率曲线

经验表明，时间上连续、频谱较均匀、无显著纯音成分的宽频带噪声的 A 声级，与人们的主观感觉有良好的相关性，即测得的 A 声级大，人们听起来也觉得响。当用 A 声级小型化的手持仪器即可进行。所以，A 声级是目前广泛应用的一个噪声评价量，已成为国际标准化组织和绝大多数国家用作评价噪声的主要指标。许多环境噪声的容许标准和机器噪声的评价标准都采用 A 声级或以 A 声级为基础，表 1—1 为一些典型声源的 A 声级。

表 1—1　　一些典型声源的 A 声级

A 声级［dB (A)］	声源（距 1～1.5 m）
10～20	静夜里手表声，自己呼吸声
20～30	轻声耳语
30～40	安静的郊外
40～60	一般房间里的声音
60～70	普通谈话声
70～80	一般街道噪声
80～90	吵闹街道噪声，公共汽车内
90～100	空压机、风机、水泵
100～110	电锯、织布机

续表

A 声级［dB（A）］	声源（距 1～1.5 m）
110～120	高声喇叭、球磨机
120～130	风铲、风铆
130～140	高压排气、风洞
140～150	大炮、喷气式飞机
160 以上	火箭、导弹、飞船的发射

但是，A 声级并不反映频率信息，即同一 A 声级值的噪声，其频谱差别可能非常大。所以对于相似频谱的噪声，用 A 声级排次序是完全可以的。但若要比较频谱完全不同的噪声，那就要注意到 A 声级的局限性。如果要评价有纯音成分或频谱起伏很大的噪声的响度，以及分析噪声产生原因，研究噪声对人体生理影响、噪声对语言通信的干扰等工作，就必须进行频谱分析或其他信息处理。

C 计权曲线在主要音频范围内基本上是平直的，只在最低与最高频段略有下跌，所以，声级与线性声压级是比较接近的。在低频段，C 计权与 A 计权的差别最大，所以，根据 C 声级与 A 声级的相差大小，可以大致上判断该噪声是否以低频成分为主。D 计权测得的分贝数称 D 计权声级，表示为 dB（D）。D 声级主要用于航空噪声的评价。

1.2.2.3　等效声级

实际噪声很少是稳定保持固定声级的，而是随时间有忽高忽低的起伏。对于这种非稳态的噪声如何来评价呢？常用的方法是采用声能按时间平均的方法，求得某一段时间内随时间起伏变化的各个 A 声级的平均能量，并用一个在相同时间内声能与之相等的连续稳定的 A 声级来表示该段时间内噪声的大小。称这一连续稳定的 A 声级为该不稳定噪声的等效连续声级，记为 L_{eq}，这相当于在这段时间内，一直有 L_{eq} 这么大的 A 声级在起作用，也称为等效连续 A 声级，或简称为等效 A 声级或等效声级。其定义式为：

$$L_{eq}=10\ \lg\frac{1}{T}\int_0^T 10^{0.1L_A(t)}dt$$

现在的自动化测量仪器，例如积分式声级计，可以直接测量出一段时间内的 L_{eq} 值。一般的测量方法是在一段足够长的时间内等间隔地取样读取 A 声级，再求它的平均值。要注意的是将 A 声级换算到 A 计权声压的平方求平均值。如果在该段时间内一共有 n 个离散的 A 声级读数，则等效连续 A 声级的计算公式为：

$$L_{eq}=10\ \lg\left(\frac{1}{n}\sum_{i=1}^{n}10^{0.1L_i}\right)$$

式中　L_i 为第 i 个 A 声级值。

为了指数运算的方便，还可任意选择一个较小值作为参考声级 L_0。

$$L_{eq}=L_0+10\ \lg\left[\sum\frac{n_i}{n}10^{0.1(L_i-L_0)}\right]$$

【例题 1—1】　在一个车间内，每隔 5 min 测量一个 A 声级，一天 8 h 共测 96 次，如果有 12 次是 85 dB（A），包括 83～87 dB（A）；12 次是 90 dB（A），包括 88～92 dB（A）；

48 次是 95 dB（A），包括 93～97 dB（A）；24 次是 100 dB（A），包括 98～1 027 dB（A）。取 L_0＝80 dB（A），85 dB（A）也可，则 L_1＝85 dB（A），n_1/n＝1/8，L_2＝90 dB（A），n_2/n＝1/8，L_3＝95 dB（A），n_3/n＝1/2，L_4＝100 dB（A），n_4/n＝1/4，代入公式计算，有：

$L_{eq}=80+10\lg[(1/8)\times10^{0.1\times(85-80)}+(1/8)\times10^{0.1\times(90-80)}+(1/2)\times10^{0.1\times(95-80)}+(1/4)\times10^{0.1\times(100-80)}]\approx96.3$ dB（A）。

1.2.2.4 噪声污染级

许多非稳态噪声的实践表明，涨落的噪声所引起人的烦恼程度比等能量的稳态噪声要大，并且与噪声暴露的变化率和平均强度有关。经实验证明，在等效连续声级的基础上加上一项表示噪声变化幅度的量，更能反映实际污染程度。用这种噪声污染级评价航空或道路的交通噪声比较恰当。故噪声污染级（L_{NP}）公式为：

$$L_{NP}=L_{eq}+K\sigma$$

式中 K —— 常数，对交通和飞机噪声取值 2.56；

σ —— 测定过程中瞬时声级的标准偏差。

1.2.2.5 交通噪声指数

交通噪声指数（TNI）是城市道路交通噪声评价的一个重要参量，其定义为：

$$\text{TNI}=4(L_{10}-L_{90})+L_{90}-30\ (\text{dB})$$

式中，第一项 4（$L_{10}-L_{90}$）：表示噪声气候的范围，说明噪声的起伏变化程度。

第二项 L_{90}：表示本底噪声状况。

第三项－30：是为了获得比较习惯的数值而引入的调节量。

TNI 与噪声的起伏变化有很大的关系，噪声的涨落对人的影响的加权数为 4，这与主观反应相关性测试中获得较好的相关系数。

TNI 评价量，只适用于机动车辆噪声对周围环境干扰的评价，而且限于车流量较多及附近无固定声源的环境。对于车流量较少的环境，L_{10} 和 L_{90} 的差值较大，得到的 TNI 值也很大，使计算数值明显地夸大了噪声的干扰程度。例如，在繁忙的交通干线处，L_{90}＝70 dB，L_{10}＝84 dB，TNI＝96 dB；在车流量较少的街道，L_{10} 可能仍为 84 dB，但 L_{90} 却会降低到 55 dB 的水平，TNI＝141 dB，显然后者因噪声涨落大，引起烦恼比前者大，但两者的差别不会如此大。

1.2.2.6 昼夜等效声级

昼夜等效声级是考虑到噪声在夜间对人的影响比白天严重，而对夜间噪声进行增加 10 dB 加权处理后的等效连续 A 声级。昼夜等效声级自使用以来，获得很大成功，人们发现，受噪声烦扰的居民百分数与昼夜等效声级有很好的相关性。

1.3 噪声的传播特性

1.3.1 声场

声波在其中传播的那部分媒质范围，是指有声波存在的弹性媒质所占有的空间。媒质可以是气体、液体和固体，环境声学涉及的媒质主要是大气。传播声波的空间称为声场，声场分自由声场、扩散声场和半自由声场。声波的传播方向称为声线或波线：某一时刻声波到达各点所连成的曲面称为波阵面，按照波阵面的形状，声波可分为平面波、球面波、柱面波等。

1.3.1.1 自由声场

声波在介质中传播时，在各个方向上都没有反射，介质中任何一点接受的声音都只是来自声源的直达声，这种可以忽略边界影响，由各向同性均匀介质形成的声场称为自由声场。自由声场是一种理想化的声场，严格地说，在自然界中不存在这种声场，但是人们可以近似地将空旷的野外看成是自由声场。在声学研究中，为了克服反射声和防止外来环境噪声的干扰，人们专门创造一种自由声场的环境，即消声室。消声室的四壁及顶棚、地板六个壁面都是用吸声尖劈制成的，吸声尖劈的构造如图 1—4 所示，消声室可以用做听力实验，检验各种机器产品的噪声指标，测量声源的声功率，校准一些电声设备等。

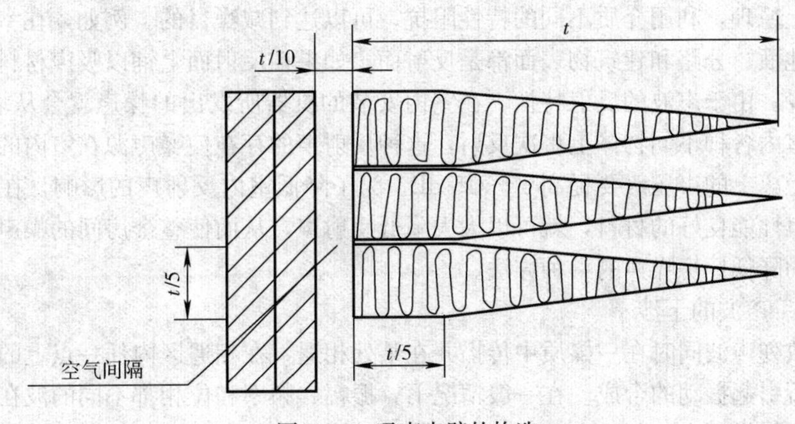

图 1—4 吸声尖劈的构造

1.3.1.2 扩散声场

扩散声场与自由声场完全相反，在扩散声场中，声波接近全反射的状态。例如，在室内，人听到的声音除来自声源的直达声外，还有来自室内各表面的反射声。如果室内各表面非常光滑，声波传到壁面上会完全反射回来。如果室内各处的声压几乎相等，声能密度也处处均匀相等，那么这样的声场就叫做扩散声场（混响声场）。在声学研究中，可以专门创建具有扩散声场性能的房间，即混响室。它可用来做各种材料的吸声系数测量，测试声源的声功率和做不同混响时间下语言清晰度试验等。混响室的壁面多用瓷砖或水泥压光上磁漆制成，地面多用水磨石上蜡。一般各频率的吸声系数在 0.02 以下。有时为了改善扩散条件，长、宽、高比例为（1∶1.62∶2.62）、（1∶2∶3）、（2∶3∶5）及（3∶5∶8）等。

1.3.1.3 半自由声场

在实际工程中，遇到最多的情况既不是完全的自由声场，也不是完全的混响声场，面是介于二者之间，这就是半自由声场。在工厂的车间厂房里，壁面和吊顶是用普通砖石土木结构建造的，有部分吸声能力，但不是完全吸收，这就是半自由声场的情况。根据环境吸声能力的不同，有的半自由声场接近自由声场一些，有的更接近扩散声场。

1.3.2 声波的反射、干涉、折射、绕射

1.3.2.1 声波的反射

噪声声波在传播过程中经常会遇到障碍物，这时声波将从一个媒质（空气）入射到另一媒质中去。由于这两种媒质的声学性质不同，一部分声波从障碍物表面上反射回去，另一部分声波则透射到障碍物里面去。反射声强 I_r 与入射声强 I_0 之比称为声强反射系数 r_1。

$$r_1 = I_r / I_0$$

透射声强 I_t 与入射声强 I_0 之比叫透射系数 t_1。

若有两种媒介互相接触，媒介的密度与其声速的乘积即特性阻抗，分别为 $\rho_1 c_1$ 与 $\rho_2 c_2$。

由此可知，反射系数取决于介质的特性阻抗 $\rho_1 c_1$ 与 $\rho_2 c_2$，当两种媒质特性阻抗接近时，即 $\rho_2 c_2 \approx \rho_1 c_1$，则 $r_1 \approx 0$，声波没有反射而全部透射至第二种媒介；当 $\rho_2 c_2 \gg \rho_1 c_1$ 时，$r_1 \approx 1$，这表示当两种媒介的特性阻抗相差很大时，声波的能量将从分界面全部反射回原媒质中去。当 $\rho_2 c_2 \ll \rho_1 c_1$ 时，$r_1 \approx 1$，这表明声波几乎全部反射，但反射波与入射波的位相相反。

根据以上原理，利用介质不同的特性阻抗，可以达到减噪目的。例如，在室外测量噪声时，坚硬的地面、公路和建筑物表面都是反射面，如果在反射面上铺以吸声材料，那么反射的声能将减少。由于声波的反射特性，在室内安装的机器所发出的噪声就会从墙面、地面、天花板上及室内各种不同物体上多次反射，这种反射声的存在使噪声源在室内的声压级比在露天中相同距离上的声压级要提高 10～15 dB。为了降低室内反射声的影响，在房间内表面覆盖一层吸声性能良好的材料，就可以大大降低反射声，从而使整个房间的噪声减弱，这也是经常采用的降低厂房噪声的一种方法。

1.3.2.2 声波的干涉

两列或数列声波同时在一媒质中传播并在某处相遇，在相遇区内任一点上的振动将是两个或数个波所引起振动的合成。在一般情况下，振幅、频率和位相都不同的波在某点叠加时比较复杂。但如果两个波的频率相同、振动方向相同、位相相同或位相差固定，那么这两列波叠加时在空间某些点上振动加强，而在另一些点上振动减弱或相互抵消，这种现象称为波的干涉现象。能产生干涉现象的声源称为相干声源。声波的这种干涉现象在噪声控制技术中被用来抑制噪声。

1.3.2.3 声波的折射

声波在传播途中遇到不同介质的分界面时，除了发生反射外，还会发生折射，声波折射时传播方向将改变，声波从声速大的介质折射入声速小的介质时，声波传播方向折向分界面的法线；反之，声波从速度小的介质折射入声速大的介质时，声波传播方向折离法线。由此可见，声波的折射是由声速决定的，即使在同一介质中如果存在着速度梯度时各处的声速不同，同样会产生折射。例如，大气中白天地面温度较高，因此声速较大，声速随离地面的高度而降低。反之，晚上地面温度较低，因此声速较小，声速随高度而增加。这种现象可用来解释为什么声音在晚上要比白天传播得远些。此外，当大气中各点风速不同时，噪声传播方向也会发生变化的。当声波顺风传播时，声波传播方向即声线向下弯曲，当声波逆风传播时，声线向上弯曲并产生影区，这一现象可解释逆风传播的声音常常难以听清。

1.3.2.4 声波的绕射

当声波遇到障碍物时除了发生反射和折射外，还会产生绕射现象。绕射现象与声波的频

率、波长及障碍物的大小都有关系。如果声波的频率比较低、波长较长，而障碍物的大小比波长小得多，这时声波能绕过障碍物，并在障碍物后面继续传播，这种情况为低频绕射（见图 1—5）。

如果声波的频率比较高，波长较短，而障碍物又比波长大得多，这时绕射现象不明显。在障碍物的后面声波到达得就较少，形成一个明显的“影区”，这种现象称为高频绕射（见图 1—6）。

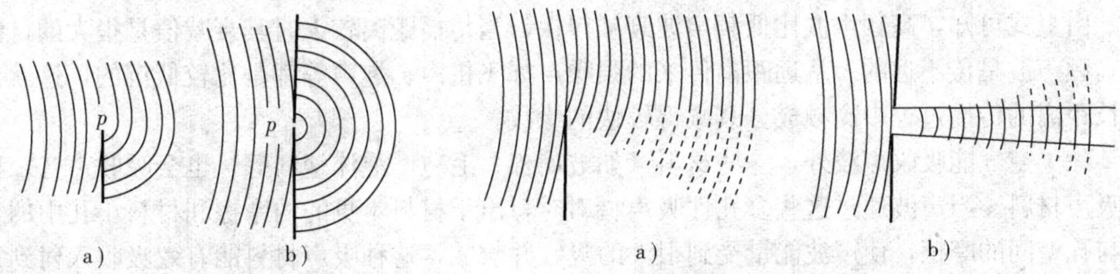

图 1—5 低频绕射　　图 1—6 高频绕射

绕射现象在噪声控制中是很有用处的。隔声屏障可以用来隔离大量的高频噪声，它常被用来减弱高频噪声的影响。例如，可以在辐射噪声的机器和工作人员之间，放置一道用金属板或胶合板制成的声屏障，就可减弱高频噪声。屏障的高度越高、面积越大，效果就越好，如果在屏障上再覆盖一层吸声材料，则效果更好。

1.3.3 噪声在传播中的衰减

人们都可以感觉到，离噪声源近时，噪声大；离噪声源远时，噪声小，这是因为噪声在传播过程中会衰减，造成这种衰减的主要原因有两个：一是扩散引起的衰减，二是空气吸收引起的衰减。

1.3.3.1 扩散引起的衰减

对于点声源声波在传播过程中波阵面要扩展，波阵面面积随离声源的距离增加面不断扩大，这样通过单位面积的能量就相应减小。由于波阵面扩展而引起的声强随距离而减弱的现象称为传播衰减。

对于平面波，其声强 $I=W/S$。由于平面波的波阵面 S 为常数，所以声强 I 也是常数，即声波传播几乎无衰减。

球面波可看作是点声源向四周辐射的声波，当声源的大小与到接收者的距离 r 相比小得多时（一般为 3～5 倍），可将此声源看做点声源。很多噪声源（如飞机、单个车辆等）都可近似地看做点声源。球面波的波阵面面积与离声源的距离平方成正比，声强与距离平方成反比。如果在距离声源为 r_1 处的声强级为 L_1 dB，则在距离 r_2 处的声强级应为：

$$L_2 = L_1 - 20\lg(r_2/r_1)$$

线声源辐射的噪声，有相互靠近的机器、传送带、公路上车辆及火车铁路噪声等。设声源长 l，声源到测点 A 距离为 r_0，当 $r_0 \leqslant l/\pi$，声源视为无限线声源，则：

$$L_2 = L_1 - 10\lg(r_2/r_1)$$

当 $r_0 > l/\pi$，声源视为点声源。

1.3.3.2 空气吸收引起的衰减

噪声的声波在传播过程中除了传播衰减外，还有因为空气对声波能量的吸收而引起的声强的减小，距离越远，空气的声吸收也越大。因声吸收而引起的声强随距离的指数衰减关系（以沿 x 方向的平面波为例）为：

$$I = I_0 e^{-2\alpha x}$$

其中 I_0 为 $x=0$ 处的声强，α 为空气的吸声系数。吸声系数与介质的温度和湿度有关，还与声波的频率有关。一般与频率的平方成正比。声波的频率越高，空气的吸收频率越低，吸收越小。

由上式可知，高频声波比低频声波衰减得快，当传播距离较大时其衰减值是很大的，因此高频声波是传不远的。从远距离传来的强噪声如飞机声、炮声等都是比较低沉的，这就是在长距离的传播过程中高频成分衰减得较快的缘故。

除了空气能吸收声波外，一些材料（如玻璃棉、毛毡、泡沫塑料等）也会吸收声音，称为吸声材料。当声波通过这些多孔性吸声材料时，出于材料本身的内摩擦和材料小孔中的空气与孔壁间的摩擦，使声波能量受到很大的吸收并衰减，这种吸声材料能有效吸收入射到它上面的声能。

1.3.3.3　其他原因引起的衰减

空气中的尘粒、雾、雨、雪等，对声波的散射会引起声能的衰减。雾、雨、雪等引起的衰减很小，可忽略不计。

声波在传播途径中遇到屏障和建筑物发生反射，而降低噪声。

树木和草坪对传播的声波有一定的衰减，树干对高频的声波起散射作用，树叶的周长接近和大于声波波长时，有较大的吸收作用。绿化带的降噪效果与林带宽度、高度、位置、配置以及树木种类等有密切的关系。结构安排好的林带有明显的降噪效果，可达 10 多分贝。

1.3.4　噪声的叠加与相减

1.3.4.1　噪声的叠加

两个以上独立声源作用于某一点，产生噪声的叠加。声能量是可以代数相加的，设两个声源的声功率分别为 W_1 和 W_2，那么总声功率 $W_{总} = W_1 + W_2$。而两个声源在某点的声强为 I_1 和 I_2 时，叠加后的总声强 $I_{总} = I_1 + I_2$。但声压不能直接相加，由于 $I_1 = P_1^2/\rho c$，$I_2 = P_2^2/\rho c$。故 $P_{总}^2 = P_1^2 + P_2^2$，$(P_1/P_0)^2 = 10(L_{p1}/10)$，$(P_2/P_0)^2 = 10(L_{p2}/10)$，故总声压级：

$$L_P = 10\lg[(P_1^2 + P_2^2)/P_0^2] = 10\lg[10^{(Lp1/10)} + 10^{(Lp2/10)}]$$

如 $L_{P1} = L_{P2}$，即两个声源的声压级相等，则总声压级：

$$L_P = L_{P1} + 10\lg 2 \approx L_{P1} + 3(\text{dB})$$

也就是说，作用于某一点的两个声源声压级相等，其合成的总声压级比一个声源的声压级增加 3 dB。当声压级不相等时，按上式计算较麻烦，可以利用表 1—2 计算，方法是：设 $L_{P1} > L_{P2}$，以 $L_{P1} - L_{P2}$ 值按表查得 ΔL_P，则总声压级 $L_{P总} = L_{P1} + \Delta L_P$。

表 1—2　　噪声的叠加增值

$L_{P1}-L_{P2}$ (dB)	0	1	2	3	4	5	6	7	8	9	10
ΔL_P (dB)	3.0	2.5	2.1	1.8	1.5	1.2	1.0	0.8	0.6	0.5	0.4

1.3.4.2　噪声的相减

噪声测量中经常碰到如何扣除背景噪声问题，这就是噪声相减的问题。通常是指噪声源的声级比背景噪声高，但由于后者的存在使测量读数增高，需要减去背景噪声。

【例题1—2】 为测定某车间中一台机器的噪声大小，从声级计上测得声级为104 dB，当机器停止工作，测得背景噪声为100 dB，求该机器噪声的实际大小。

解：设有背景噪声时测得的噪声为L_P，背景噪声为L_{P1}，机器实际噪声级为L_{P2}，由题意可知：

$$L_P - L_{P1} = 4 \text{ dB}$$

可查得$\Delta L_P = 2.2$ dB，因此，该机器的实际噪声声级为：

$L_{P2} = L_P - \Delta L_P = 104 \text{ dB} - 2.2 \text{ dB} = 101.8 \text{ dB}$

阅读材料一 噪声的利用

噪声一向为人们所厌恶。但是，随着现代科学技术的发展，可以利用噪声造福人类。

1. 利用噪声除草

科学家发现，不同的植物对不同的噪声敏感程度也不一样。根据这个道理，人们制造出噪声除草器。噪声除草器发出的噪声能使杂草的种子提前萌发，这样就可以在作物生长之前用药物除掉杂草，用“欲擒故纵”的妙策，保证作物顺利生长。

2. 利用噪声发电

噪声是一种能量的污染，比如噪声达到160 dB的喷气式飞机，其声功率约为10 000 W；噪声达140 dB的大型鼓风机，其声功率约为100 W。“聚沙可成塔”，这自然会引起新能源开发者的兴趣。科学家发现，人造铌酸锂具有在高频高温下将声能转变成电能的特殊功能。科学家还发现，当声波遇到屏障时，声能会转化为电能，英国学者就是根据这一原理，设计制造了鼓膜式声波接收器，将接收器与能够增大声能、集聚能量的共鸣器连接，当从共鸣器来的声能作用于声电转换器时，就能发出电来。看来，利用环境噪声发电已指日可待。

3. 利用噪声来制冷

大家都知道，电冰箱能制冷，但令人鼓舞的是，目前世界上正在开发一种新的制冷技术，即利用微弱的声振动来制冷的新技术，第一台样机已在美国试制成功。其工作原理是，在一个结构异常简单、直径不足1 m的圆筒里叠放着几片起传热作用的玻璃纤维板，筒内充满氦气或其他气体。筒的一端封死，另一端用有弹性的隔膜密闭，隔膜上的一根导线与磁铁式音圈连接，形成一个微传声器，声波作用于隔膜，引起来回振动，进而改变筒内气体的压力。由于气体压缩时变热，膨胀时冷却，这样制冷就开始了，不难设想，今后的住宅、厂房等建筑物如能对这些因素加以考虑，即可一举降伏噪声这一无形的祸害，为住宅、厂房等建筑物降温消暑。

4. 利用噪声除尘

美国科研人员研制出一种功率为2 kW的除尘报警器，它能发出频率2 000 Hz、声强为160 dB的噪声，这种装置可以用于烟囱除尘，控制高温、高压、高腐蚀环境中的尘粒和大气污染。

5. 利用噪声克敌

利用噪声还可以制服顽敌，目前已研制出一种“噪声弹”，能在爆炸间释放出大量噪声波，麻痹人的中枢神经系统，使人暂时昏迷，该弹可用于对付恐怖分子，特别是劫机犯等。

6. 利用噪声诊病

美妙、悦耳的音乐能治病，这已为大家所熟知。但噪声怎么能用于诊病呢？最近，科学家制成一种激光听力诊断装置，它由光源、噪声发生器和计算机测试器三部分组成。使用时，它先由微型噪声发生器产生微弱短促的噪声，振动耳膜，然后计算机就会根据回声，把耳膜功能的数据显示出来，供医生诊断。它测试迅速，不会损伤耳膜，没有痛感，特别适合儿童使用。此外，还可以用噪声测温法来探测人体的病灶。

7. 利用噪声有源消声

通常所采用的三种降噪措施，即在声源处降噪、在传播过程中降噪及在人耳处降噪，都是消极被动的。为了积极主动地消除噪声，人们发明了“有源消声”这一技术。它的原理是：所有的声音都由一定的频谱组成，如果可以找到一种声音，其频谱与所要消除的噪声完全一样，只是相位刚好相反（相差 180°），就可以将这噪声完全抵消掉。关键就在于如何得到那抵消噪声的声音。实际采用的办法是：从噪声源本身着手，设法通过电子线路将原噪声的相位倒过来。由此看来，有源消声这一技术实际上是“以毒攻毒”。

思考与练习

1. 什么是声源？声音是怎样产生的？什么是声波？什么是声场？

2. 什么是噪声？噪声有什么危害？

3. 什么是声压和声压级？什么是声强和声强级？什么是声功率和声功率级？

4. 什么是响度和响度级？

5. 什么是自由声场、扩散声场、半自由声场？

6. 什么是声波的反射、声波的干涉、声波的折射、声波的绕射？

7. 控制噪声的途径有哪些？

8. 一工人操作 4 台机器，在他的操作位置，机器的声压级分别为 85 dB、84 dB、88 dB 和 82 dB，则在操作岗上机器产生的噪声有多少分贝？

9. 若在某点测得机器 1、机器 2、机器 3 分别运转时声压级为 85 dB、87 dB、91 dB。3 台机器都停止时，测得声压级为 82 dB。试求仅由 3 台机器在该点产生的声压级。

2 隔　声

用构件将噪声源和接受者分开，阻断空气声的传播，从而达到降噪目的的措施称为隔声。隔声是噪声控制中最有效的措施之一。空气声和固体声的阻断是性质不同的两种方法，固体声的阻断主要采用隔振的方法，将在后面叙述。隔声所采用的方法如制作隔声罩，将吵闹的机器设备用能够隔声的罩形装置密封或局部密封起来；或者在声源与接收者之间设立隔声屏障；或者在很吵闹的场合中，开辟安静的环境，建立隔声间，如隔声操作室、休息室等，以保护工人不受噪声干扰，保护仪器不受损坏等。

2.1　隔声原理

2.1.1　透射系数与隔声量

声波在通过空气的传播途径中，碰到一匀质壁面时，在声波作用下，壁面按一定方式进行振动，这部分声能称为透射声能，另外向外辐射噪声。对于大多数壁面来说，透射声能仅为入射声能的几百分之一，或者更小，而绝大部分声能被反射回去，因此，设置适当的屏障物便可以使大部分声能反射回去，从而降低噪声的传播。具有隔声能力的屏障物称为隔声构件或者隔声结构，如砖砌的隔墙、水泥砌块墙、隔声罩体等。

在噪声控制技术中，常采用透射系数 t_1 来表示隔声能力。透射系数就是透射声强与入射声强的比值。透射系数一般远小于 1，约在 $10^{-5}\sim10^{-1}$ 之间。为了计算方便，通常采用 $10\ \lg(1/t_1)$ 来表示一个隔声构件的隔声能力，它称为隔声材料的固有隔声量，记为 R，单位为分贝，定义为：

$$R = 10\ \lg(1/t_1)$$

t_1 越小，R 数值越大，构件隔声性能越好；相反，则隔声效果越差。要注意，传声损失是只与隔墙本身的物理特性有关的量，它与“隔声量”的概念是有区别的。隔声量除了与隔墙的进射损失有直接关系外，还与室内吸收大小有关。隔声量通常在实验室实测得到。

隔声量的大小与隔声构件的结构、性质和入射波的频率有关，同一构件对不同频率的声音，其隔声性能可能有很大差别，因此，工程中常用 125 Hz 及 4 kHz 等六个倍频程中心频率的隔声量的算术平均值来表示某一构件的隔声性能，也称为平均隔声量。另外，ISO 推荐用隔声指数来评价构件的隔声性能。

当然，一个机器房中的噪声不仅通过壁面向相邻房间传播，而且可通过天花板、地板、孔和缝隙等其他途径传播，这些传播途径也是隔声设计时应该注意的。

2.1.2 单层匀质壁面的隔声原理

隔声技术中，通常将板状的隔声构件称为隔墙、墙板或墙。仅有一层墙板称为单层墙，有两层或者多层、层间有空气等其他材料，则称为双层或多层墙。

单层密实均质板材壁面在噪声的疏密压力波（往复拉动力）作用下，使板（壁面）产生相似于压缩变形（纵波）和剪切变形（弯曲波）的情况，这些波传到板体的另一侧，则形成透射波。这是一种客观的物理现象，对单层密实均质板材来说，吸收声能很小，可以忽略不计，但对复合隔声结构来说，特别是夹层中间带有吸声层的结构，其吸声能力很强，不能忽略。

实践证明，单层密实均质板材壁面的隔声量与入射声波的频率有很大关系，入射频率从低到高其吸声情况可分成三个区域，即劲度与阻尼控制区、质量控制区和吻合效应区。劲度与阻尼控制区又可分为劲度控制区和阻尼控制区，阻尼控制区又叫共振区，如图 2—1 所示。

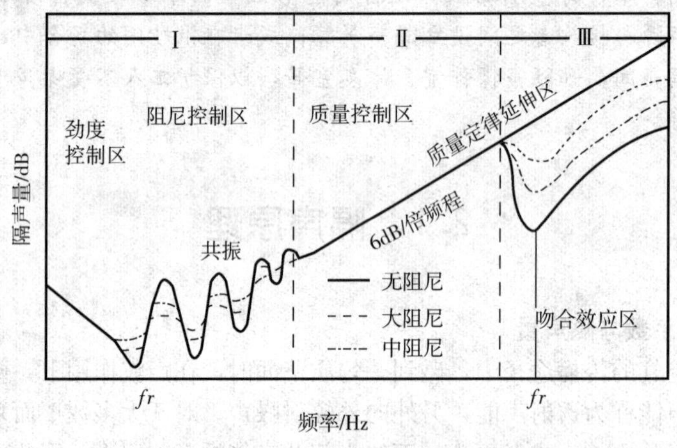

图 2—1 单层均质板材壁面的隔声频率特性曲线

第Ⅰ区为劲度控制区和阻尼控制区。在劲度控制区，入射频率范围从 0 到第一共振频率 f_r；在此区域，墙板壁面对声压的反应类似于弹簧，其隔声量与墙板壁面的劲度成正比。对于某一频率的声波，墙板壁面的劲度越大，隔声量越大。对于同一板材，随着入射频率的增加，其隔声量逐渐下降。

阻尼控制区又称为板共振区，当入射的频率与墙板固有频率相同时，墙板发生共振，此时墙板振幅最大，透射声能急剧增加，隔声量曲线出现最低谷，此时的声波频率称为第一共振频率 f_r。当声波频率是共振频率的谐频时，墙板发生的谐振也会使隔声量下降，所以，在共振频率之后，隔声量曲线连续又出现几个低谷，但本区内随着声波频率的增加，共振现象越来越弱，直至消失，所以隔声量总是呈上升趋势。阻尼控制区的宽度取决于墙板的几何尺寸、弯曲劲度、面密度、结构阻尼的大小及边界条件等，对一定的墙体，主要与其阻尼大小有关，增大阻尼可以抑制墙板的振幅，提高隔声量，并降低该区的频率上限，缩小该区频率范围。

对于一般砖石等厚重的墙，共振频率与其谐频率很低，可忽略不计。对于薄板，共振频率较高，阻尼控制区的声频率分布很宽，应予以重视。一般采用增加墙板的阻尼来控制共振现象。

第Ⅱ区为质量控制区，声波对墙板的作用如同一个力作用于一个有一定质量的物体，隔声量随入射声波的频率直线上升，其斜率为 6 dB/倍频程。在声波频率一定时，墙板的面密度越大，即质量越大，墙板受声波激发产生的振动越小，隔声量越高。

第Ⅲ区为吻合效应区，随着入射声波频率的升高，隔声量反而下降，曲线上出现一个深深的低谷，这是由于出现了吻合效应的缘故。

吻合成立条件如图 2—2 所示，吻合效应，就是当某一频率的声波以某一角度 θ 入射到墙体上时，使墙体发生弯曲振动，如果声波的波长 λ 与墙体的固有弯曲波长 λ_B 发生吻合，恰好满足的关系为：$\lambda_B=\lambda/\sin\theta$，这时声波将激发墙体固有振动，墙体向另一侧辐射出大量的声能，墙体的隔声能力大大下降，这种现象叫吻合效应。能产生吻合效应的最低入射频率称为“临界吻合频率”，简称为“临界频率”，常记为 f_c，f_c 的大小与构件本身固有性质有关。

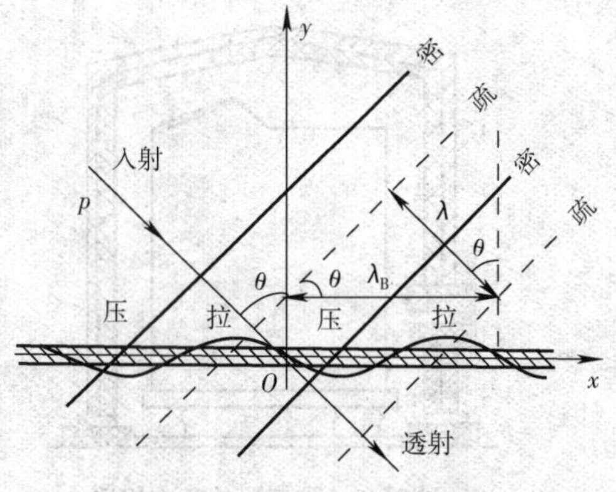

图 2—2 吻合成立条件

增加板的厚度和阻尼，可使隔声量下降趋势得到减缓。越过低谷后，隔声量以每倍频程 10 dB 趋势上升，然后逐渐接近质量控制的隔声量。

2.1.3 双层隔声墙的隔声原理

由双层均质墙与中间所夹一定厚度空气层所组成的结构称为双层隔声墙或双层隔声结构。为提高墙板的隔声量，用增加单层墙体的面密度，或增加厚度，或增加自重的方法，虽然能起到一定的隔声作用，但作用不明显，而且浪费材料。如果在双层墙体之间夹以一定厚度的空气层，其隔声效果大大优于单层实心结构。双层隔声结构的隔声机理是，当声波依次透过特性阻抗完全不同的墙体、空气介质时，造成声波的多次反射，发生声波的衰减，并且由于空气层的弹性和附加吸收作用，使振动能量大大衰减。比较以上隔声结构的使用情况，如果要达到相同的隔声效果，双层隔声墙体比单层实心墙体质量减少 2/3～3/4，隔声量增加 5～10 dB。

双层墙隔声结构相当于一个由双层墙与空气层组成的振动系统。当入射声波频率比双层墙共振频率低时，双层墙将作整体振动，隔声能力与同样重量的单层墙差不多，即此时空气层不起作用。当入射声波达至共振频率时，隔声量出现低谷，超过 $\sqrt{2f_0}$ 后，隔声曲线以每倍频程 18 dB 的斜率急剧上升，充分显示出双层墙隔声结构的优越性。

2.2 隔声装置

2.2.1 隔声罩

隔声罩是控制机器噪声较好的装置。将噪声源封闭在一个相对小的空间内，以降低噪声源向周围环境辐射噪声的罩形结构称为隔声罩。其基本结构如图 2—3 所示。罩壁由罩板、阻尼涂层和吸声层组成。根据噪声源设备的操作、安装、维修、冷却、通风等具体要求，可采用适当的隔声罩形式。常用的隔声罩有活动密封型、固定密封型、局部开敞型等结构形式。隔声罩常用于车间内如风机、空压机等。其降噪量一般在 10～40 dB 之间。带有进排风消声通道的隔声罩如图 2—4 所示。

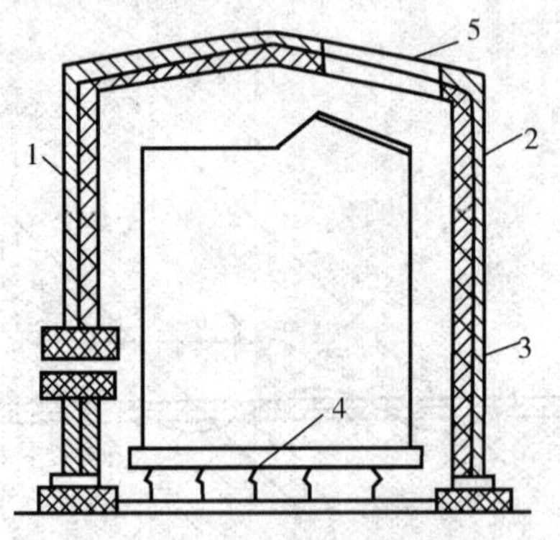

图 2—3 隔声罩的基本构造

1—钢板 2—吸声材料 3—护面穿孔板

4—减振器 5—观测窗

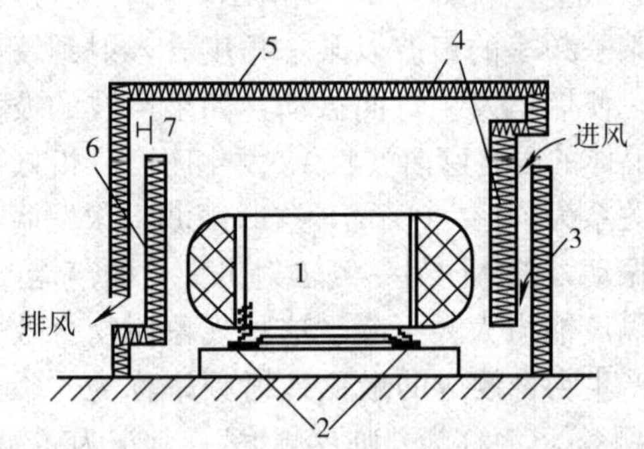

图 2—4 带有进排风消声通道的隔声罩

1—机器 2—减振器 3、6—消声通道

4—吸声材料 5—隔声板壁 7—排风机

各种形式隔声罩 A 声级降噪量是：固定密封型为 30～40 dB，活动密封型为 15～30 dB，局部开敞型为 10～20 dB，带有通风散热消声器的隔声罩为 15～25 dB。

2.2.1.1 隔声罩的选择或制作注意事项

(1) 选择隔声罩时，应选择适当的材料和形状。罩面必须选择有足够隔声能力的材料制作，如板、砖、混凝土、木板或塑料等。罩面形状宜选择曲面形体，其刚度较大，有利于隔声，尽量避免方形平行罩壁。隔声罩与设备要保持一定的距离，一般为设备所占空间的 1/3 以上，内部壁面与设备之间的距离不得小于 100 mm。罩壁宜轻薄，宜选用分层复合结构。

(2) 采用钢板或铝板制作的罩壳，必须在壁面上加筋，涂贴一定厚度的阻尼材料以抑制共振和吻合效应的影响，阻尼材料层厚度通常为罩壁的 2～3 倍。阻尼材料常用内损耗、内摩擦大的黏弹性材料，加沥青、石棉、漆等。

(3) 隔声罩内的所有焊缝应避免漏声，隔声罩与地面的接触部分应密封。机器与隔声罩之间，以及它们与地面或机座之间应采取适当的措施。

(4) 隔声罩内表面需进行隔声处理，需衬贴多孔或纤维状吸声材料层，平均吸声系数不能太小。

(5) 隔声罩的设计必须与生产工艺相配合，便于操作、安装、检修等，也可做成可拆卸的饼状结构。同时要考虑声源设备的通风、散热等要求。

2.2.1.2 隔声罩的隔声量

由于声源被密封在隔声罩内，声源发出的噪声在罩内多次反射，大大增加了罩内的声能密度。因此，隔声罩的实际隔声量比罩体本身的隔声能力下降，隔声罩的实际隔声量计算式为：

$$R_s = R\ /(10\ \lg\bar{\alpha})$$

式中 R_s——隔声罩实际隔声量，dB；

R——隔声材料本身的固有隔声量或传声损失，dB；

$\bar{\alpha}$——罩内表面平均吸声系数。

各种常用构件的隔声量见表 2—1。

表 2—1　各种常用构件的隔声量

构件名称	面密度/（kg/m²）	实测倍频程隔声量/dB						测定 $\bar{R}$/dB	计算 $\bar{R}$/dB
		125	250	500	1 000	2 000	4 000		
$\frac{1}{4}$砖墙，双面粉刷	118	41	41	45	40	40	47	43	40
$\frac{1}{2}$砖墙，双面粉刷	225	33	37	38	40	52	53	45	44
$\frac{1}{2}$砖墙，双面木筋板条加粉刷	280	—	52	47	57	54	—	50	46
1 砖墙，双面粉刷	457	44	44	45	53	57	56	49	49
1 砖墙，双面粉刷	530	42	45	59	57	64	62	53	50
1 砖墙，双面勾缝	444	37	43	53	63	73	83	58	49
双层一砖墙，两层墙间留 150 mm 空气层	800	50	51	58	71	78	80	64	76
100 mm 厚空心砖墙，双面粉刷	183	19	22	29	35	44	44	31	43
150 mm 厚空心砖墙，双面粉刷	197	23	33	30	38	42	39	34	43
1 砖空心墙，双面粉刷	374	21	22	31	33	42	46	31	47
空心石膏板 76 mm 厚，双面粉刷	95	34	35	36	41	47	—	34	39
100 mm 厚矿渣砖砌块，双面粉刷	217	18	23	29	40	45	44	31	44
100 mm 厚木筋板条墙，双面粉刷	70	17	22	35	44	49	48	35	37
150 mm 厚加气混凝土砌块墙，双面粉刷	175	28	36	39	46	54	55	43	42
4 mm 厚双层密闭玻璃窗帘［20 mm 空气层］	20	20	17	22	35	41	38	29	29
45 mm 厚双面三夹板门	10	13	15	15	20	21	24	17	24

2.2.1.3 隔声罩的插入损失

隔声罩内壁进行吸声处理后，对其隔声量有很大影响。隔声罩的降噪效果通常用插入损失表示，其定义为隔声罩在设置前后，罩外同一接收点的声压级之差，单位分贝（dB），记作 IL。

$$IL = 10\ \lg\left(1+\frac{\bar{\alpha}}{t_1}\right)$$

式中 $\bar{t}_1$——罩壁的平均透射系数；

$\bar{\alpha}$——罩内表面平均吸声系数。

若罩内不作吸声处理，即$\bar{\alpha}$近似为零，则 IL 也接近于零，隔声罩的隔声作用很小，所以罩内必须做吸声处理，一般$\bar{\alpha}$在 0.5 以上。在实际工作中，$\bar{\alpha}$远大于罩壁的平均透射系数，上式可简化为：

$$IL = \overline{R} + 10\lg\bar{\alpha}$$

$\overline{R}$ 为罩板隔声材料本身的平均固有隔声量。

可见，隔声罩的插入损失最大不能超过罩板的平均固有隔声量，选材时必须注意。实际应用时有如下公式。

罩内无吸收时，$IL=\overline{R}-20$

罩内略有吸收时，$IL=\overline{R}-15$

罩内有强吸收时，$IL=\overline{R}-10$

2.2.2 隔声间

隔声间就是在噪声环境中建造一个具有良好隔声性能的小房间，以供操作人员进行生产控制、监督、观察、休息之用，或者将多个强声源置于上述小房间中，以保护周围环境，这种由不同隔声构件组成的具有良好隔声性能的房间称为隔声间。

隔声间有封闭式和半封闭式之分，一般多采用封闭式结构（见图 2—5）。材料可用金属板材制作，也可用土木结构建造，并选用固有隔声量较大的材料建造。隔声间除需要有良好隔声性能的墙体外，还需设置门、窗或观察孔。通常门窗为轻型结构，一般采用轻质双层或多层复合隔声板制成，故称作隔声门、隔声窗，隔声门隔声量约为 30～40 dB。具有门、窗等不同隔声构件的墙体称为组合墙。

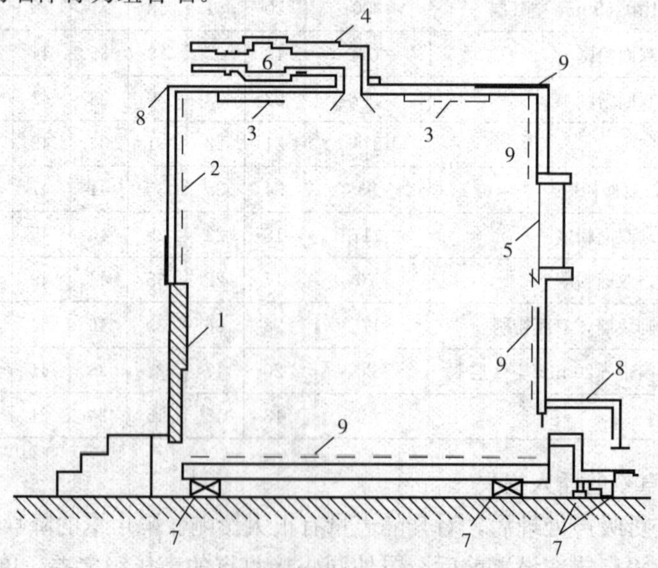

图 2—5 隔声间示意图

1—入口隔声门 2—隔声墙 3—照明器 4—排气管道和风扇 5—双层窗
6—吸声管道 7—隔振底座 8—接头 9—内部吸声处理

2.2.2.1 隔声间建造的注意事项

(1) 生产工厂的中心控制室、操作室等，宜采用以砖、混凝土及其他隔声材料为主的高性能隔声间。必要时，墙体和屋顶可采用双层结构，以利于隔声。

(2) 隔声间的门窗，根据具体情况可采用带双道隔声门的门斗及多层隔声窗，门缝、窗缝、孔洞要进行必要的缝隙隔声处理。由于声波的衍射作用，孔洞和缝隙会大大降低组合场的隔声量。门窗的缝隙、各种管道的孔洞、隔声罩焊缝不严的地方等都是透声较多之处，直接影响墙体的隔声量。虽然低频噪声声波长，透过孔隙的声能要比高频声小些，但在一般计算中，透声系数均可取为1。因此，为了不降低墙的隔声量，必须对墙上的孔洞和缝隙进行密封处理。

(3) 门、窗的隔声能力取决于本身的面密度、构造和接头缝密封程度。隔声窗应多采用双层或多层玻璃制作，两层玻璃不宜平行布置，朝声源一侧的玻璃有一定倾角，以便减弱共振效应，并需选用不同厚度的玻璃，以便错开吻合效应的影响。常见门窗的隔声特性见表2—2、表2—3。

表 2—2　　门的隔声特性

结构	厚度/mm	倍频带中心频率/Hz					
		125	250	500	1 000	2 000	4 000
带橡皮密封条的普通嵌板门	—	18	19	23	30	33	32
双层门：两面4 mm厚胶合板，中间40 mm空气层							
带橡皮密封条	48	27	27	32	35	34	35
不带橡皮密封条	48	22	23	24	24	24	23
复合多层门：2 mm钢板，43mm吸声材料、+2mm钢板+20 mm吸声材料+3 mm钢板	70	38	34	44	46	50	55

表 2—3　　窗的隔声特性

结构	厚度/mm	倍频带中心频率/Hz					
		125	250	500	1 000	2 000	4 000
单层玻璃砖	7	22	27	29	34	35	36
双层窗：玻璃厚4 mm，中间空气层厚度/mm							
6	24	16	26	28	37	41	41
100	108	21	33	39	47	50	51
200	208	28	36	41	48	54	53
400	408	34	40	44	50	52	54
双层窗：玻璃厚7 mm，中间空气层厚度/mm							
100	114	29	37	41	50	45	54
200	214	32	39	43	48	46	50
400	414	38	42	46	51	48	58
双层窗：玻璃厚3 mm，中间空气层厚度170 mm，不带橡皮密封条	176	21	26	28	30	28	27
同上，但带橡皮密封条	176	33	33	36	38	38	38
高隔声观察器		49	63	71	66	73	77
		46	67	72	75	69	71

(4) 为了防止孔洞和缝隙透声，在保证门窗开启方便前提下，门与门框的碰头缠处可选用柔软富有弹性的材料（如软橡皮、海绵乳胶、泡沫塑料、毛毡等）进行密封。在土建工程中注意砖墙灰缝的饱满、混凝土墙砂浆的捣实。

(5) 隔声间的通风换气口应设置消声装置；隔声间各种管线通过墙体需打孔时，在孔洞处加一套管，并在管道周围用柔软的材料包扎严密。

2.2.2.2 组合墙平均隔声量的计算

门和窗的隔声量常比墙体本身的隔声量小，因此，组合墙的隔声量往往比单纯墙低。组合墙的透声系数为各部件的透声系数的平均值，称为平均透声系数，由下式得出：

$$t_i = \frac{\sum_{i=1}^{n} t_i s_i}{\sum_{i=1}^{n} s_i}$$

式中 t_i——墙体第 i 种构件的透声系数；

s_i——墙体第 i 种构件的面积，m^2。

组合墙的平均隔声量为：

$$\overline{R} = 10\ \lg \frac{1}{\overline{t_i}}$$

2.2.2.3 隔声间内噪声级计算

隔声间内噪声级不仅与围蔽结构各壁面的隔声性能有关，而且与室外噪相应的透声面积以及隔声间内的总吸声量有关。

透入室内的噪声级 L_p 可用下式计算：

$$L_p = 10\ \lg \sum_{i=1}^{n} s_i^{L_i - R_i/10} - \sum s_i \alpha_i$$

式中 s_i——隔声室某一壁面的透声面积，m^2；

L_i——对应于 s_i 外壁空间某频率的噪声级，dB；

R_i——壁面 s_i 对某频率的隔声量，dB；

$\sum s_i \alpha_i$——隔声室内某频率的总吸声量。

2.2.2.4 隔声间实际隔声量的计算

隔声间实际隔声量可由下式计算：

$$R_s = R_A + 10\ \lg A/S$$

式中 R_s——隔声间的实际隔声量，dB；

R_A——各构件的平均隔声量，dB；

A——隔声间内总吸声量；

S——隔声间的透声面积，m^2。

一般来说，透声面积越大，则传递过去的声能越多；隔声间吸声量越大，越有利于降低噪声。隔声间实际隔声量对隔声间设计有很重要的作用。

2.2.3 隔离屏

用来阻挡噪声源与接收者之间直达声的障板或帘幕称为隔声屏（帘）。

在建筑物内，在对隔声要求不高的情况下，如果难以从声源本身治理，又不便于安装隔声罩，或者需要分隔大的车间与办公室时，都可以安装隔声屏，此外，在交通干道的两侧等室外处，也可以设置隔声屏，以有效屏蔽噪声。

隔声屏对高频噪声有较显著的隔声能力，因为高频噪声波长短，绕射能力差；而低频声波长，绕射能力强。

设置隔声屏的方法简单、经济，便于拆装移动，在噪声控制工程中广泛应用。

2.2.3.1 隔声屏降噪量的计算

(1) 算图法

若有一点声源 S，接收点为 P，两点之间有一隔声屏，则隔声屏的降噪量可用图 2—6 隔声屏衰减值计算图来计算。它是描述声波在传播中绕射性能的一个量，它是由路径差及声波频率（或波长）来确定的。

$$\delta = A + B - d$$

式中 δ——声波绕射路径差，m；

A——声源到屏顶的距离，m；

B——接收者到屏顶的距离，m；

d——声源与接收者之间的直线距离，m。

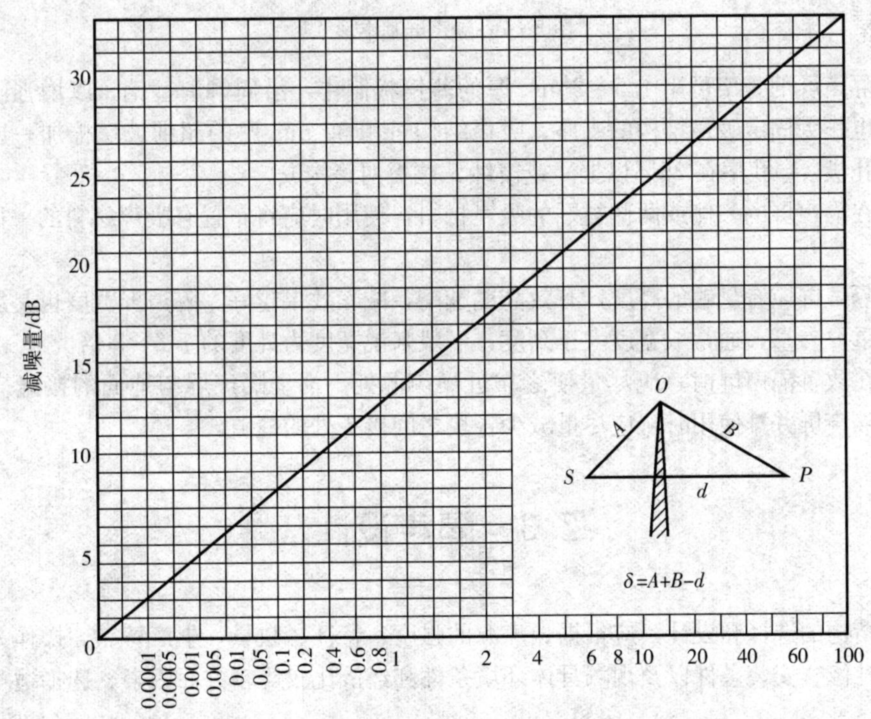

$$N=\frac{2}{\lambda}\delta=\frac{6f}{17D}$$

图 2—6 隔声屏的衰减值计算图

(2) 计算法

如果隔声屏本身不透声（理想隔声屏），而且安放在空旷的自由声场中，隔声屏无限长，则接收点 R 处的声压级降低量为：

$$IL = 10\lg N + 13$$
$$N = (2/\lambda)\delta = 2(A + B - d)/\lambda$$

2.2.3.2　隔声屏的设计要点及注意事项

(1) 隔声屏常用的建筑材料（如砖、木板、钢板、塑料板、石膏板、平板玻璃等）都可以直接用来制作声屏障，或是作为其中的隔声层，如图 2—7 所示。

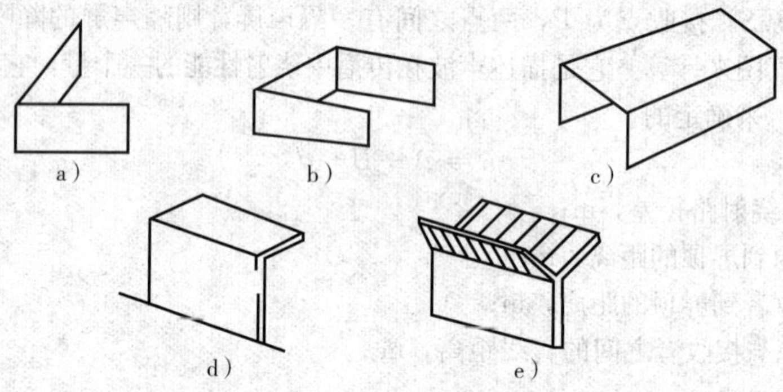

图 2—7　隔声屏基本形式

(2) 隔声屏的骨架可用 1.5～2 mm 厚的薄钢板制作，沿周铆上型钢，以增强隔屏的刚度，同时也作为固定吸声结构的支座，吸声结构可用 50 mm 厚的超细玻璃棉加一层玻璃布与一层穿孔板（穿孔率在 25%以上）或窗纱、拉板网等构成。

(3) 在隔声屏的一侧或两侧衬贴的吸声材料，使用时应将布置有吸声材料的一面朝向声源。

(4) 隔声屏应有足够的高度，有效高度越高，减噪效果越好。隔声屏宽度也是影响其减噪效果的重要参量，通常取宽度大于高度，一般来说宽度为高度的 1.5～2 倍。

(5) 在放置隔声屏时，应尽量使之靠近噪声源处。活动隔声屏与地面的接缝应减到最小。多块隔声屏并排使用时，应尽量减少各块之间接头处的缝隙。

2.3　隔声设计

隔声结构的选择和设计，应根据噪声源的强度、特征、数量，生产特点，操作人员的安全，设备维修、安装条件以及现场具体环境条件和经济比较等多方面因素，选择适当的隔声结构。

2.3.1　单层结构的隔声设计

单层均质墙在质量控制区的声波固有隔声量（传声损失），可按下式计算。

$$R = 10\lg[1 + (2\pi fm\cos\theta/2\rho c)^2]$$

式中　m——墙体面密度，kg/m²；

f——声波频率，Hz；

ρ——空气密度，kg/m³；

c——空气中声速，m/s；

θ——声波入射到隔声墙面的入射角度。

对于砖、钢、木、玻璃等常用墙体材料，当声波垂直入射到墙面时，即入射角 $\theta=0$，此时 $2\pi fm/2\rho c \geqslant 1$，因此可得垂直入射固有隔声量 R_h 计算式。

$$R_h = 10\ \lg(2\pi fm/2\rho c)^2$$

或

$$R_h = 20\ \lg m + 20\ \lg f - 43$$

在无规入射条件下，不考虑边界的影响，经过对大量实验数据的分析和处理，总结出以下实验公式。

$$R = 18\ \lg m + 12\ \lg f - 25$$

显然，传声损失同隔声结构面密度与声波的频率有关。选用单层隔声构件时，应防止吻合效应对隔声量降低的影响。具体的隔声量可用上述公式进行估算，也可以按标准的隔声测量方法直接进行测量。实验表明，用公式计算与实测结果误差很小，一般在 1～5 dB 范围内。

若采用平均固有隔声量 R 表示墙体的隔声性能时，在频率 100～3 200 Hz 内，可采用下面的经验式进行计算。

$$\overline{R} = 13.5\ \lg m + 14 (m \leqslant 200\ \text{kg/m}^2)$$

$$\overline{R} = 16\ \lg m + 8 (m > 200\ \text{kg/m}^2)$$

2.3.2 双层结构的隔声设计

双层结构的隔声量受其共振频率的影响较大。其共振频率 f_r 可用下式计算

$$f_r = \frac{1}{2\pi}\sqrt{\frac{2\rho c^2}{(m_1+m_2)D}}$$

式中 ρ——空气密度，kg/m³；

c——空气中声速，m/s；

D——空气层厚度 cm；

m_1，m_2——各层结构的面密度，kg/m²。

只有入射声波的频率大于$\sqrt{2}f_r$ 时，双层结构的隔声性能才显示出它的优越性。一般来说，共振频率低于 30～50 Hz 为较适合；空气层的厚度不宜小于 50 mm。

在双层隔声结构中间的空气层中可悬挂和填充多孔吸声材料，如超细玻璃棉等，其平均隔声量可按增加 5～10 dB 进行估算，这对改善隔声性能是有利的。

双层结构中应尽量避免有刚性连接。最好包括基础、地面、顶棚等在内部做成完全分式结构，有利于保持隔声性能。

双层隔声结构若采用不同材料时，在设计中应将轻质一面对高噪声源一边，以便降低重质层的声辐射，提高其隔声效果。双层结构的各层可采用不同厚度、不同刚度，以便提高隔声性能。

2.3.3 多层复合结构的隔声设计

多层复合板隔声结构是利用声波在不同介质分界面上产生反射的原理，采用分层材料交

替排列构成。多层复合板要求各层材料应软硬相隔，同时利用夹入层间的疏松柔软层，或柔软层中夹入金属板之类的坚硬材料，用以减弱板的共振和在吻合频率区域声能的辐射。该法广泛应用于隔声门或轻质隔声墙的设计中。其设计要点如下。

（1）多层复合板的层次不必过多，一般 3～5 层即可，在构造合理的条件下，相邻层间材料应尽量作成软硬结合形式。

提高薄板的阻尼有助于改善隔声量。

（2）提高薄板的阻尼有助于改善隔声量。如在薄钢板上粘贴沥青玻璃纤维板等阻尼材料，对削弱共振频率和吻合效应有显著作用。

（3）由于多孔材料本身的隔声能力较差，所以，在它的表面涂抹一层不透气的粉刷或黏附一层轻薄的材料时，可提高它的隔声性能。

（4）隔声门窗的选用与设计。门窗隔声设计关键在于缝隙的密封处理。一般来说，门窗扇与门窗框之间的缝隙可采用各种铲口形式的接缝，以及在接缝里衬垫弹性多孔材料，如矿棉、玻璃棉、橡皮、毛毡、毛绒、塑料等，以减少缝隙的声传递，并采用加压关闭的措施来改善缝隙的密封程度，提高隔声能力。

门扇结构宜选用填充多材料的夹层结构，其面密度一般控制在 30～60kB/m^2 以内。当门缝内不宜作较复杂的接缝以及设置衬垫时，可利用门厅、走廊、前厅等作为“声闸”，以提高隔声能力。隔声窗的层数，通常可选用单层或双层。需要隔声量超过 25 dB 要求时，可根据情况选用双层固定密封窗，并在两层间的边框上敷设吸声材料，在特殊情况下，可采用三层或多层。

（5）一些特殊要求的建筑，如广播音室、医院耳科测听室、研究所精密试验室等，往往需要设计特殊的隔声门，宜采用“声闸”方式设置双层门或多层门，在结构上可采用有阻尼的双层金属板或多层复合板形式，声闸的内壁面应具有较高的吸声性能。

（6）采用多层窗时，各层玻璃要求选用不同的厚度（5～10 mm），厚的朝向声源一侧，以改善吻合效应的影响。各层玻璃之间四周要衬贴密封及吸声材料，并应避免双层墙间的刚性连接，要防止层间的窜声、漏声等。在多层玻璃的隔声窗，在安装时各层玻璃最好不要互相平行，以免引起共振。朝声源的一层玻璃可做成倾角（85°左右），使中间的空气层上下不一致，以利于消除低频共振。

技能训练一　隔 声 设 计

一、设计程序

1. 由声源特性估算受声点的各倍频带声压级。
2. 确定受声点各倍频带的允许声压级。
3. 计算各倍频带的需要隔声量。
4. 选择适当的隔声结构与构件。

二、室内各倍频带的声压级计算方法

估算受声点各倍频带的声压级，应首先查找、估算或测量声源 125～4 000 Hz 6 个倍程

频带的声功率级，然后根据声源特性和声学环境，按下式进行计算。

$$L_p = L_W + 10\ \lg(Q/4\pi r^2 + 4/R_r)$$

式中 L_W——声源各倍频带声功率级，dB；

L_p——受声点各倍频带声压级，dB；

Q——声源指向性因子；当声源位于室内空间、自由声场时，$Q=1$；当声源位于室内地面、半自由声场时，$Q=2$；当声源位于地面与墙面交界处，$Q=4$；当声源位于室内某一角落时，$Q=8$；

r——声源至受声点的距离，m；

R_r——房间常数，m^2。

房间常数 R_r 按下式计算。

$$R_r = \frac{s\bar{\alpha}}{1-\bar{\alpha}} = \frac{A}{1-\bar{\alpha}}$$

式中 S——房间内总表面，m^2；

$\bar{\alpha}$——房间内各倍频带的平均吸声系数；

A——房间内各倍频带的总吸声量，m^2。

对于多声源情况，可分别求出各声源在受声点产生的声压级，然后按声压级的合成法则计算受声点各倍频带的声压级。

各倍频带需要隔声量的计算式如下。

$$R = L_p - L_{pa} + 5$$

式中 R——各倍频带需要隔声量；

L_p——受声点各倍频带的声压级，dB；

L_{pa}——受声点各倍频带的允许声压级，dB。

各倍频带的插入损失，应满足需要隔声量，其值可按下式计算。

$$D_p = R_0 + 10\ \lg R_r/S$$

式中 D_p——各倍频带的插入损失，dB；

R_0——隔声构件各频带的固有隔声量，dB；

S——隔声构件的透声面积，m^2；

R_r——房间常数，m^2。

三、隔声设计应用实例

1. 上海第一制线厂生产大楼（共 4 层），底层为染整车间，二楼为烘烧车间，三楼为烧毛车间，四楼为络筒车间。距该大楼 4 米为三层楼居民住宅。

未治理前，实测烘烧车间内噪声为 85 dB（A），烧毛车间内为 90 dB（A），络筒车间内为 80 dB（A）。工艺要求上述车间应开窗生产。在一般情况下，上述车间噪声传至本大楼南阳台外侧为 80 dB（A），系中高频噪声；传至居民住宅三楼北窗外 1 m 处，深夜噪声为 68 dB（A）。按上海市城市区域环境噪声标准规定，该地区属二类混合区。工厂三班制连续生产，居民住宅处深夜噪声应低于 55 dB（A），超标 13 dB（A）。将三楼烧毛车间噪声作为线声源，居民住宅三楼北窗处作为接收点，隔声屏障置于大楼南阳台外侧。线声源声级按 80 dB（A）考虑，接收处按 55 dB（A）考虑，估计到噪声源距离衰减（−5 dB）和隔声屏障声绕射（+7 dB）等因素，计算得 ΔL=24 dB。

设计隔声屏障宽×高为 15×12（m^2），面积达 180 m^2，上部为“厂”形雨棚，下部悬空于二楼阳台外侧。隔声屏障支撑骨架用钢管及小于 50×50 角钢焊接而成，并用小于 50×50 与原生产大楼南墙及柱子相连接，以抗御台风影响。隔声屏障为轻型复合结构，总厚度为87 mm。外侧隔声板用 8 mm 厚 FC 板钉装，（每块规格 2 400 mm×1 200 mm)，内侧一部分为隔声板，用 4 mm 厚 FC 板钉装，一部分为吸声板，用 4 mm 厚穿孔 FC 板钉装（每块规格 600 mm×600 mm)，穿孔率为 20%，吸声板与隔声板之间填装 75 mm 厚防潮离心玻璃棉毡，容重为 20 kg/m，用玻璃丝布袋装填。内外隔声板之间为 75 号“n”形轻钢龙骨，用抽芯铆钉将内外隔声板固定于轻钢龙骨上。吸声板面积为整个隔声屏障面积的 40%。

隔声屏障施工结束后，经区环境监测站实测，居民住宅处深夜噪声由治理前的 68 dB（A）降为 54 dB（A），隔声降噪 14 dB（A），达到了二类混合区标准要求。

2. 上海培德玻璃厂制瓶车间系二层楼建筑，底层为风机房、料仓、堆场等，二楼为玻璃烘炉及制瓶机等生产设备。这一高温车间的长×宽=60×24（ m^2），底层高 4 m，二楼高 8 m。车间通风散热要求二楼南墙上 6 个大型玻璃窗必须常开启，其中 2 个窗宽×高=4×2.4（m^2），4 个窗宽×高=4×1.5（m^2），在距该车间南墙 15 m 处即为居民平房住宅，与车间南窗高差约 9 m。制瓶车间内制瓶机噪声为 104 dB（A），玻璃熔炉噪声为 94 dB（A），车间内噪声传至南侧墙外为 82 dB（A），传至南侧居民住宅处为 67 dB（A），系宽频带噪声。本地区属二类混合区，工厂三班制连续生产，要求居民住宅处白天噪声应为 65 dB（A），早晚为 60 dB（A），深夜为 55 dB（A），未治理前深夜超标 12 dB（A）。

鉴于车间较长为 60 m，分成三大扇窗，故设计隔声屏障时对三扇窗户分别处理。首先，在第一扇 24 m 宽窗外南面 2 m 处安装Ⅰ形隔声屏障，该屏障宽×高=24×2.5（m^2），面积 60 m^2；在第三扇窗外南面 2.5 m 处安装Ⅰ形隔声屏障，该屏障宽×高=12×8（m^2），面积 96 m^2。第二扇窗由于已在车间内侧天桥处安装了隔声挡板，车间南墙上门窗已安装了隔声门和隔声采光窗，故该处不再在窗外设置隔声屏障。为使空气对流将车间热量带走，在隔声屏障下侧设置两个进风消声器，消声器长×宽×高=2 000×1 000×300（mm^3）。

鉴于居民住宅位置处，声源位置高，隔声屏障与居民住宅之间夹角约 30°，隔声减噪量估算比较复杂。再加上车间三角形屋顶为石棉瓦，西山墙挡风板也为石棉瓦，漏声部位较多，设计期望Ⅰ、n 形隔声屏障隔声减噪量为 10～12 dB（A）。隔声屏障支撑骨架用槽钢和 50×50 角钢焊接，与原车间南墙及柱子拉为一体，隔声屏障采用双层 FC 板加 C50 轻钢龙骨组成复合结构，外侧 FC 板厚 8 mm，内侧 FC 板厚 6 mm，隔声屏障总厚 64 mm。

隔声屏障竣工后，实测居民住宅处深夜噪声由 67 dB（A）降为 57 dB（A），降噪 10 dB（A），白天和早晚达到了二类混合区标准要求。

阅读材料二　纸面石膏板的隔声及应用

在公共建筑和高层建筑中，传统黏土砖墙因其自重过大、土地保护等问题基本已被轻质隔墙取代。但轻墙隔声比黏土砖墙差，所以，解决轻质隔墙的隔声问题是应用的关键问题。理论和实践都证明，试图使用单一轻质材料，如加气混凝土板、膨胀珍珠岩、陶粒混凝土等构成单层墙，隔声性能不可能好。这是因为单层墙的隔声受质量定律的制约，即墙越厚重，单位面积质量越大，隔声越好。所以，单一轻质材料做成单层墙，不可能克服既要轻又要隔声好的矛盾。本文将进行一些讨论。

一、轻钢龙骨纸面石膏板墙隔声的一般规律

轻钢龙骨纸面石膏板墙系统通常采用双面墙板结构，即“板—龙骨（空腔）——板”结构，每面墙板为单层或双层纸面石膏板，钉接在轻钢龙骨上。为了获得更好的隔声效果，在空腔中填充岩棉板或玻璃棉。单层纸面石膏板的隔声效果差，例如，12 mm厚、面密度10 kg/m^2 左右的纸面石膏板标准计权隔声量Rw＝29 dB。即使将四层这样的纸面石膏板叠和在一起隔声量理论上Rw也只能达到41 dB。如果将纸面石膏板做成双层墙结构，隔声量可以获得提高。如上述四层纸面石膏板做成75 mm轻钢龙骨双面双层墙，Rw可以达到44 dB。如果空腔内再填入棉板，Rw可以提高到50 dB。

二、影响轻钢龙骨轻质板隔墙的隔声性能的因素

单层墙体因受质量定律的限制，必须是重墙才能获得良好的隔声性能。对于住宅分户墙，为达到国家最低标准Rw＝40 dB的要求单层隔墙至少需要100 kg/m^2 以上的面密度(面密度是每平方米墙体的重量)。如果将墙体分成两层或多层，隔声量会显著提高。这是因为声音撞击到第一层墙板时，透射的部分将进入两层墙板之间空腔，在空腔中来回反射多次后，一部分透射到墙体对面，另一部分被损耗掉。同时，两层之间的腔体有类似弹簧的作用，使墙板系统具有有利于消耗声音的弹性，进一步隔声。如果在腔体中填入离心玻璃棉等吸声材料后，声音传播过程中在腔体中来回反射的声音将被大大衰减，隔声量大为提高。对于120厚的砖墙隔声量从45 dB左右提高到50 dB以上需要重量提高一倍，即需要240厚的砖墙。而对于75轻钢龙骨双面双层12纸面石膏板隔墙而言，只需在腔体内添加一层50厚24 kg/m^3 的玻璃棉，计权隔声量就从44 dB提高到50 dB。可见，隔墙腔体中的吸声材料对隔声量的影响非常重要。根据测定，使用双层75龙骨的六层12纸面石膏板（三道墙板，每道两层石膏板，共两个龙骨空腔）的轻型墙体内添两层50厚24 kg/m^3 的玻璃棉，计权隔声量将达到Rw＝60 dB，这是半米厚混凝土隔墙的隔声量。然而，轻型多层板隔墙即使内填离心玻璃棉等吸声材料，低频的隔声能力也不能完全和重型墙相比，计权隔声量同样是Rw＝50 dB的混凝土墙和轻墙相比，在125 Hz频率上，混凝土隔墙的隔声量R＝40 dB，而轻墙的隔声量只有23 dB、24 dB。一个有利的因素是，人耳对低频并不敏感，因此，在大多语言环境下轻墙完全可以满足隔声要求，但在机械噪声、迪斯科舞厅等低频声音严重的场合必须考虑低频隔声量是否足够。轻墙低频隔声较差的主要原因是墙板比较轻柔，难于阻隔振动幅度较大、波长较长的低频声，同时，空腔中的吸声材料低频吸声性能也比较有限。

龙骨：龙骨弹性越好，隔声性能越好，尤其低频隔声量有显著提高。轻钢龙骨的弹性好于木龙骨，故使用轻钢龙骨轻墙比木龙骨轻墙计权隔声量高1～3 dB。如果采用Z形减振龙骨，计权隔声量可以提高1～2 dB。如果在龙骨上采用S形减振条，计权隔声量可以提高2 dB。如果使用两层完全分离的龙骨（龙骨之间没有任何连接），隔声量能够提高5～7 dB。龙骨越宽，也就是空腔越大，隔声性能越好，100厚龙骨比75厚龙骨计权隔声量提高1 dB左右。安装墙板的螺钉钉距越稀疏，隔声性能越好，因为稀疏的钉距使墙板连接的刚性变差，据测定，300 mm的钉距比250 mm的钉距计权隔声量提高0.5 dB左右，但是钉距不能过于稀疏，因为必须保证墙体的强度。

墙板：在实验中发现，面密度越大同时越薄的墙板隔声性能越好。这是因为密度越大，隔声量越大，越薄，则在中高频出现的吻合谷越往高的频率偏移，偏出一定的频率范围之外。另外，使用不同厚度的板材复合，或使用不同材料的板材复合可以将共振和吻合频率错开，有利于提高隔声量，例如，使用10 mm的GRC板与12 mm纸面石膏板复合的双面双层填棉轻墙的计权隔声量比两层石膏板的轻墙高2 dB，可达52 dB。

内填棉：内填离心玻璃棉的厚度和容重越大，吸声效果越好，由于声音在空腔来回反射多次而消耗，即使每次反射吸声较小，多次反射的积累效果也非常大，因此，5 cm厚24 kg/m³的离心玻璃棉作为内填吸声材料已经足够，更厚或更大的密度所带来的隔声增加量非常有限，一般不会提高1 dB以上的隔声量。但是，2.5 cm以下、不足16 kg/m³的离心玻璃棉由于过于稀松，吸声性能太差，会使隔声量下降2～3 dB。5 cm厚容重大于40 kg/m³岩棉和玻璃棉的隔声效果是类似的，理论上讲，因为岩棉容重往往大于玻璃棉，隔声略有优势，但很难相差1 dB，那种认为轻墙中岩棉隔声好于玻璃棉的观点是不正确的。还有一点非常重要，就是空腔中的棉不能满填，这样会造成棉将两层墙板连接在一起，出现声桥，使隔声量下降。填棉时，应尽量保证棉体两边不同时接触板材，以防止产生声桥。如果使用50 mm厚的C形龙骨，那么填充棉厚度应小于50 mm，如25 mm或40 mm的岩棉或玻璃棉。有些设计人员认为棉体需要满填、填实在空腔中，和板之间不留空气层，这是不对的。实验表明，满填棉隔声性能将下降1～3 dB。另外，填棉厚度不均、回弹率过大等造成的棉板与两边板材局部或大面积接触都会引起隔声量下降，施工操作中应尽量避免。

板缝和孔洞：隔墙上如果出现缝隙和孔洞，会大大降低隔墙的隔声量。假如隔墙墙体本身的隔声量达到50 dB，而墙上有万分之一的缝隙和孔洞，则综合隔声量将下降到40 dB。为了防止石膏板墙和原结构之间的缝隙，通常在墙体四周安装龙骨时垫入塑料弹性胶条。另外，当每面为两层石膏板时，应错缝安装，里层可以不勾缝，只对外层勾缝，这对隔墙隔声量影响不大。但是每面一层板时必须勾缝，否则隔声量将会下降12～17 dB。

三、轻钢龙骨纸面石膏板墙隔声使用中的考虑

我国部颁标准JGJ 37—87《民用建筑设计通则》规定，各类主要用房的隔墙计权隔声量Rw不应小于40 dB。办公建筑中需要安静和一般性保密要求的办公室之间的隔墙，Rw可选≥45 dB，勉强一点可选≥40 dB。邻近噪声较大或保密、隔声要求较高，如高级宾馆、写字楼、高标准住宅等Rw不应小于45 dB，最好选用≥50 dB。对隔声要求不高的房间之间，或两边房间本身较安静，如图书馆阅览室、医院病房、手术室、学校教室等可选用≥40 dB，勉强一点可选≥35 dB。在实际工程设计时，可根据要求选定隔墙材料和构造方法。后附的隔声数据 Rw 是在标准实验室中测得的，一般实际工程现场条件下，可能会下降。因此在工程设计时，亦选用 Rw 比实际要求高 3～5 dB 的实验室测量方案，作为设计余量。此外，测试中隔墙两面未做装修，实际工程中墙体表面可能使用一些饰面材料，如石膏腻子等，会增加一些重量并减少缝隙，可以略微提高隔墙隔声量 1 dB 左右。

思考与练习

1. 什么是透射系数?
2. 单层均质壁面和双层壁面的隔声原理是什么?
3. 隔声罩、隔声间和隔声屏的基本结构如何? 各有什么特点?
4. 选择或制作隔声罩、隔声间和隔声屏时应注意什么?
5. 什么是插入损失? 什么是传声损失?

3 吸　　声

在室内所接收到的噪声除了有通过空气直接传来的直达声外，还包括室内各壁面多次反射回来的反射声。工人在车间里操作时听到的机器噪声，除了直接通过空气介质传来的直达声外，还包括大量从车间内壁面（如路面、平顶和地面等）以及其他设备表面多次反射而来的连续反射声，即混响声。如果车间的内表面是未加吸声处理过的坚硬材料，如混凝土、砖墙、玻璃、瓷砖等，因混响声的叠加作用，使同一噪声源在车间内离声源较远处的噪声级比在室外提高 10～20 dB，所以必须采取吸声处理措施。

3.1 吸声原理

能够吸收较高声能的材料或结构称为吸声材料或吸声结构。利用吸声材料或吸声结构吸收声能以降低室内噪声的办法称为吸声降噪，通常简称为吸声。吸声处理一般可使室内噪声降低 3～5 dB（A），使混响声很严重的车间降噪 6～10 dB（A）。吸声是一种最基本的减弱声传播的技术措施。

声波在传播过程中遇到各种固体材料时，一部分声能被反射，一部分声能进入到材料内部被吸收，还有很少一部分声能透射到另一侧。人们常将入射声能 E_i 和反射声能 E_r 的差值与入射声能 E_i 之比值称为吸声系数，记为 α，即：

$$\alpha = \frac{E_i - E_r}{E_i}$$

吸声系数 α 的取值在 0～1 之间。当 $\alpha=0$ 时，表示声能全部反射，材料不吸声；$\alpha=1$ 时表示材料吸收全部声能，没有反射。吸声系数 α 的值越大，表明材料（或结构）的吸声性能越好。在一般情况下，α 在 0.2 以上的材料被称为吸声材料，α 在 0.5 以上的材料就是理想的吸声材料。

吸声系数 α 的值与入射声波的频率有关，同一材料对不同频率的声波，其吸声系数有不同的值。在工程中常采用 125 Hz、250 Hz、500 Hz、1 000 Hz、2 000 Hz、4 000 Hz 6 个倍频程的中心频率的吸声系数的算术平均值来表示某一材料（或结构）的平均吸声系数 $\bar{\alpha}$。

吸声材料的吸声系数可用实验方法测出，常用的方法有混响室法和驻波管法两种。测量方法不同，所得出的测试结果也不一样。驻波管法测得的是垂直入射吸声系数 α_r，混响室法测得的是无规入射吸声系数 α_0。

吸声系数反映房间壁面单位面积的吸声能力，材料吸收声能的多少除了与材料的吸声系数有关外，还与材料的表面大小有关。吸声材料的实际量按下式计算。

$$A = \alpha S$$

式中 A——吸声量，m^2；

α——吸声系数；

S——吸声材料面积，m^2。

若房间中有敞开的窗，而且其边长远大于声波的波长，则入射到窗口上的声能几乎全部传到室外，不再有声能反射回来。这敞开的窗，即相当于吸声系数为 1 的吸声材料。若某吸声材料的吸声量为 1 m^2，则其所吸声能相当于 1 m^2 敞开的窗户所引起的吸声。

房间中的其他物体（如家具等）也会吸收声能，而这些物体并不是房间壁面的一部分。因此，房间总有吸声量 A 可以表示为：

$$A = \sum_i \bar{\alpha}_i S_i + \sum_i A_i$$

式中，第一项为所有壁面吸声量的总和，第二项为室内各物体吸声量的总和。

3.1.1 多孔吸声材料的吸声

多孔材料一直是主要的吸声材料，有玻璃棉、矿渣棉、无机纤维、合成高分子材料等。在这些材料中，气泡的状态有两种：一种是大部分气泡成为单个闭合的孤立气泡，没有通气性能；另一种气泡相互连接成为连续气泡。噪声控制中所用的吸声材料，是指有连续气泡的材料。

多孔吸声材料的结构特点是：材料表面和内部多孔，孔与孔之间相互连通，并与外界大气相连，具有一定的通气性能。吸声材料的固体部分在空间形成筋络。筋络之间有大量空隙，空隙占吸声材料体积的主要部分，一般多孔吸声材料空隙率为 70%左右，相当一部分则高达 90%以上。当声波进入空隙率很高的吸声材料时，除了一小部分沿筋络传播，大部分仍在筋络间的空隙内传播。如果忽略沿筋络传播的部分，则声波在材料内部的衰减主要是两种机理作用的结果：①声波在筋络间的空隙内传播时会引起筋络间的空气来回运动，而筋络是静止不动的，筋络表面的空气受筋络间的空气运动速度有快有慢，空气的黏滞性会产生相应的黏滞阻力使声能不断转化为热能；②声波的传播过程实质上就是空气的压缩与膨胀相互交替的过程，空气压缩时温度升高，膨胀时温度降低，由于热传导作用，在空气与筋络之间不断发生热交换，结果也会使声能转化为热能。中高频声波可使空隙间空气质点的振动速度加快，空气与孔壁的热交换也加快，这就使多孔材料具有良好的中高频吸声性能。

3.1.2 穿孔板吸声材料的吸声

薄的板材（如钢板、铝板、胶合板、塑料板、草纸棉线、石膏板等）按一定的孔径和穿孔率穿上孔，在背后留下一定厚度的空气层，就构成穿孔板吸声结构（见图 3—1）。

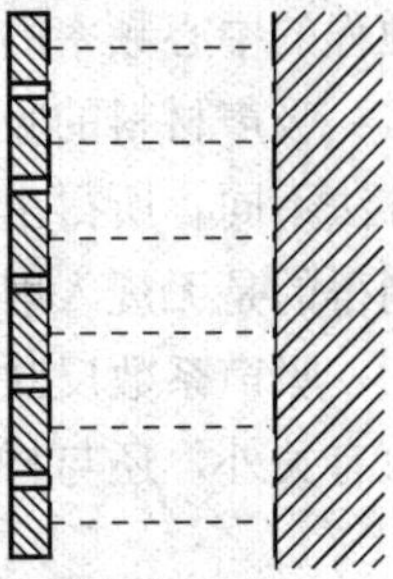

穿孔板吸声结构实际上是由许多单个共振器并联而成的共振吸声结构，当声波垂直入射到穿孔板表面时，暂不考虑板振动。孔内及周围的空气随声波一起来回振动，相当于一个“活塞”，它反抗体积速度的变化，是个惯性量。穿孔板与壁面间的空气层相当于一个“弹簧”，它阻止声压的变化。此外，由于空气在穿孔附近来回振动存在摩擦阻尼，它可以消耗声能。

图 3—1 穿孔板共振吸声结构

不同频率的声波入射时，这种共振系统会产生不同的响应。当入射声波的频率接近系统固有的共振频率时，系统内空气的振动很强烈，声能大量损耗，即声吸收最大。相反，当入射声波的频率远离系统固有的共振频率时，系统内空气的振动很弱，因此吸声作用很小。可见，这种共振吸声结构的吸声系数随频率而变化，最高吸声系数出现在系统的共振频率处。

3.2 吸声装置

3.2.1 吸声材料

吸声材料多为多孔性吸声材料，有时也可选用柔软性材料及膜状材料等。不同材料的吸声性能差异很大，如光面混凝土、普通抹灰的黏土砖墙水泥地面，它们的吸声系数在 0.01～0.04 之间；而超细玻璃棉、岩棉、膨胀珍珠岩等的吸声系数可以高达 0.9 左右。在工程中，常将多孔性吸声材料做成各种几何体来使用。目前常用的多孔吸声材料有玻璃、矿渣棉、泡沫塑料、石棉绒、毛毡、木丝板、软质纤维以及微孔吸声砖等。

3.2.1.1 吸声材料的种类

多孔材料一般有无机纤维材料、泡沫材料、有机纤维材料、建筑吸声材料四大类型。

(1) 无机纤维材料

无机纤维材料主要有超细玻璃棉、玻璃丝、矿渣棉、岩棉及其制品等。超细玻璃棉具有质轻、柔软、容重小、耐热、耐腐蚀等优点，但有弹性差、填充不易均匀、易潮湿等缺点；矿渣棉具有质轻、防蛀、导热系数小、耐高温、耐腐蚀等特点，但由于其杂质多、性脆易断，不适于风速大、要求洁净的场合；岩棉具有隔热、耐高温、价格低廉等优点。

(2) 泡沫材料

根据泡孔形成的不同，泡沫材料可分为开孔型泡沫材料和闭孔型泡沫材料。前者的泡孔是相互连通的，属于吸声泡沫材料，如吸声泡沫塑料、吸声泡沫玻璃、吸声陶瓷、吸声泡沫混凝土等；后者的泡孔是封闭的，泡孔之间是互不相通的，其吸声很差，属于保湿隔热材料，如聚苯乙烯泡沫、隔热泡沫玻璃、普通泡沫混凝土等。泡沫材料具有良好的弹性，容易填充均匀；但易燃烧、易老化、强度较差。泡沫材料吸声特点为中高频（500 Hz 以上）吸声性能优异，低频吸声性能不够理想。

(3) 有机纤维材料

有机纤维材料主要为植物纤维制品，如棉麻纤维、毛毡、甘蔗纤维板、木质纤维板、水泥木丝板以及稻草板等。这些材料在中高频范围内具有良好的吸声性能，但防火、防腐、防潮等性能较差。

（4）建筑吸声材料

吸声建筑材料是由多孔性建筑材料制成的，如加气混凝土、微孔吸声砖、陶瓷吸声板、珍珠岩吸声板等。但建筑吸声板性能较差，而且太重，已逐渐被具有轻质、不燃、不腐、不蛀以及不易老化等特性的玻璃棉、轻质硅酸钙板、矿渣棉和岩棉等无机材料所代替。

常用国产吸声材料的吸声系数见表 3—1，供设计参考。

表 3—1　　常用国产吸声材料的吸声系数（驻波管法）

种类	材料名称	厚度/cm	容重/(kg/m³)	各频率的吸声系数						备注
				125 Hz	250 Hz	500 Hz	1 000 Hz	2 000 Hz	4 000 Hz	
无机纤维材料	超细玻璃棉	5	20	0.10	0.35	0.85	0.85	0.86	0.86	
		10	20	0.25	0.60	0.85	0.87	0.87	0.85	
		15	20	0.50	0.80	0.85	0.85	0.86	0.80	
	防水超细玻璃棉	10	20	0.25	0.94	0.93	0.90	0.96		
	熟玻璃丝（铁丝网护面）	5	150		0.23	0.39	0.85	0.94		4 目/cm
		7	150		0.37	0.73	0.99	0.97		
		9	150		0.55	5	1	5		
						0.94	0.97	0.90		
	沥青玻璃棉毡	3	80		0.10	0.27	0.61	0.94	0.99	
	矿渣棉	5	175	0.25	0.33	0.70	0.76	0.89	0.97	
		7	200	0.32	0.63	0.76	0.83	0.90	0.92	
		8	150	0.30	0.64	0.73	0.78	0.93	0.94	
	岩棉	2.5	80	0.04	0.09	0.24	0.57	0.93	0.97	
		2.5	150	0.04	0.09	0.32	0.65	0.95	0.95	
		5	80	0.08	5	0.60	0.93	0.97	0.98	
		5	150	0.11	0.22	0.73	0.90	6	5	
		10	80	5	0.33	0.89	0.90	0.89	0.96	
				0.35	0.64			0.96	3	
									0.98	
泡沫塑料	聚氨酯泡沫塑料	3	45	0.07	0.14	0.47	0.88	0.70	0.77	上海产
		4	40	0.10	0.19	0.36	0.70	0.75	0.80	
		5	45	0.15	0.35	0.84	0.68	0.82	0.82	
		6	45	0.11	0.25	0.52	0.87	0.79	0.81	
		8	45	0.20	0.40	0.95	0.90	0.98	0.85	
	聚氨基甲酸酯泡沫塑料	2.5	25	0.05	0.07	0.26	0.87	0.69	0.87	天津产
		5	36	0.21	0.31	0.86	0.71	0.80	0.82	
	聚氯乙烯泡沫塑料	1	26	0.04	0.04	0.06	0.08	0.18	0.29	北京产
		3	26	0.04	0.11	0.28	0.89	0.75	0.86	
有机纤维材料	工业毛毡	1	370	0.04	0.07	0.21	0.50	0.52	0.57	北京产
		3	370	0.10	0.30	0.50	0.50	0.50	0.52	
		5	370	0.11	0.30	0.50	0.50	0.50	0.52	
		7	370	0.18	0.35	0.43	0.50	0.53	0.54	

续表

种类	材料名称	厚度/cm	容重/(kg/m³)	各频率的吸声系数						备注
				125 Hz	250 Hz	500 Hz	1 000 Hz	2 000 Hz	4 000 Hz	
有机纤维材料	木丝板	4		0.19	0.20	0.48	0.78	0.42	0.70	
		5		0.15	0.23	0.64	0.78	0.87	0.92	
		8		0.25	0.53	0.82	0.63	0.84	0.59	距墙 5 cm
		3		0.05	0.30	0.81	0.63	0.69	0.91	距墙 5 cm
		5		0.29	0.77	0.73	0.68	0.81	0.83	距墙 5 cm
		3		0.09	0.36	0.62	0.53	0.71	0.89	距墙 10 cm
		5		0.33	0.93	0.68	0.72	0.83	0.86	
建筑材料	膨胀吸声砖	1.5		0.04	0.06	0.22	0.71	0.87		北京产
		5		0.09	0.28	0.77	0.79	0.75		
		7.5		0.21	0.59	0.77	0.67	0.77		
	水泥膨胀珍珠岩板	5	350	0.16	0.46	0.64	0.48	0.56	0.56	北京产
		8	350	0.34	0.47	0.40	0.37	0.48	0.55	上海产
	加气混凝土	15	500	0.08	0.14	0.19	0.28	0.34	0.45	

3.2.1.2　多孔吸声材料的吸声特性

吸声材料的频谱特性曲线如图 3—2 所示，是一条多峰曲线。

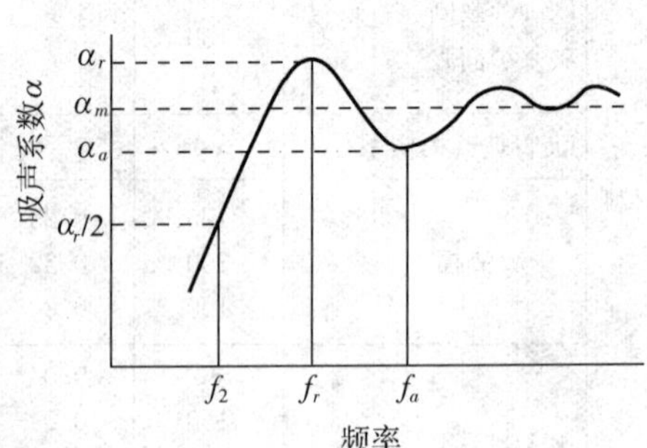

图 3—2　吸声材料的频谱特性曲线

由图可知，在低频段吸声系数一般较低，当声波频率提高时，吸声系数相应增大，并有不同程度的起伏变化。第一个吸声峰值频率 f_r 叫做吸声材料的第一共振频率，相应的吸声系数为 α_r，其他吸声峰值对应于材料的谐频共振。类似的情况是，第一个吸声谷值频率 f_a 叫做第一反共振频率，相应的吸声系数为 α_a。当频率低于第一共振频率时，可以取吸声系数降低至 $\alpha_r/2$ 时的频率 f_z 作为吸声材料的下限频率，f_z 与 f_r 之间的倍频程数为下半频带宽度。当频率高于 f_z 时，吸声系数在吸声峰值与吸声谷值之间变化。随着频率的增高，起伏变化的幅度相应减少，逐步趋向于一个稳定的数值 α_m。

多孔材料的吸声特性主要受入射声波和所用材料的性质的影响。其中声波性质除和入射角度有关外，主要和频率有关。一般多孔吸声材料吸收高频效果好，吸收低频声效果差。这是因为声波为低频时，激发微孔内空气与筋络的相对运动少，摩擦损失小，因此声能损失少，而高频声容易使之快速振动，从而消耗较多的声能。

多孔吸声材料的吸声性能主要受材料的流阻、孔隙率、结构因子、厚度、容重、材料背后的空气层、材料表面的装饰处理，以及使用的外部条件等因素的影响，这些因素之间又有一定的关系。

(1) 材料的流阻

当声波引起空气振动时，有微量的空气在多孔材料的孔隙中流过。这时，多孔材料两面的静压差与气流线速度之比即为材料的流阻。流阻是表征气流通过多孔材料难易程度的一个物理量。流阻大小一般与多孔材料内部微孔的大小、多少及相互连通程度等因素有关。流阻太高或太低都会影响材料的吸声性能。当流阻接近空气的特性阻抗（即 407 Pa·s/m）时，可获得较高的吸声系数，因此，一般希望吸声材料的流阻介于 100～1 000 Pa·s/m 之间。

(2) 材料的孔隙率

多孔材料中通气的孔洞容积与材料总体积之比称为孔隙率，它是衡量材料多孔性的一个重要指标。一般多孔材料的孔隙中孔隙在 70%以上，矿渣棉为 80%，玻璃棉为 95%以上。

(3) 材料的结构因子

结构因子表示多孔材料中孔的形状及其方向性分布的不规则情况，其数值一般介于 2～10 之间，玻璃棉为 2～4，毛毡为 5～10，结构因子的大小对低频吸声影响较大。

(4) 材料的厚度

多孔吸声材料对中高频吸声效果，理论上讲，材料厚度相当于入射声波 1/4 波长时，在该频率下具有最大的声吸收。若按此条件，材料厚度往往要大于 100 mm，这是很不经济的。除非特殊需要，一般不采取加大吸声材料厚度来提高其吸声性能。工程应用上，推荐多孔吸声材料的厚度为：

超细玻璃棉、岩棉、矿渣棉	50～100 mm
软质纤维板	13～20 mm
泡沫塑料	25～50 mm
毛毡	4～5mm
木丝板	20～50 mm

(5) 材料的容重

改变材料的容重，可以间接控制吸声材料内部的微孔尺寸。在一般情况下，多孔材料的容重增加时，材料内部的孔隙率会相应降低，因此可改善低频吸声效果，但高频吸声性能可能下降。实验证明，多孔吸声材料的容重有个最佳值。例如，超细玻璃为 15～25 kg/m^3，玻璃棉为 100 kg/m^3 左右，矿渣棉为 120 kg/m^3 左右。

(6) 材料背后的空气层

在多孔材料背后留有一定厚度的空气层，可改善多孔吸声材料的低频吸声性能。研究表明，当空气层厚度近似等于 1/4 波长时，吸声系数最大；而其厚度等于 1/2 波长的整数倍时，吸声系数最小。为了改善中低频声的效果，一般建议多孔吸声材料背后的空气层厚度取 70～100 mm。

(7) 材料表面的装饰处理

为了增加强度，便于安装维修以及改善吸声性能，多孔材料通常都应进行表面装饰处理，如安装护面层、粉刷油漆、表面半钻孔及开槽等。

常用的护面层有金属网、塑料面纱、玻璃布、麻布、纱布以及穿孔板等。穿孔率大于 20%的护面层，对吸声性能的影响不大，若穿孔率小于 20%，由于高频声绕射作用较弱，高频的吸声效果会受到影响。

材料的使用过程中温度升高，会使材料的吸声性能向高频方向移动，温度降低则向低频方向移动。所以，使用时应注意该材料的温度适用范围。湿度增大，会使孔隙内吸水量增加，堵塞材料上的细孔，使吸声系数下降，而且是先从高频开始。因此，对于湿度较大的车间或地下建筑的吸收处理，应选用吸水量较小的耐潮多孔材料，如防潮超细玻璃棉毡和矿棉吸声板等。

当将多孔吸声材料用于通风管道和消声器内时，气流易吹散多孔材料，影响吸声效果，甚至飞散的材料会堵塞管道，损坏风机叶片，造成事故。应根据气流速度大小选择一层或多层不同的护面层。为了不影响多孔吸声材料中高频吸声性能，护面用的板的穿孔率应不少于20%。在作喷浆、刷漆等表面处理时，注意勿堵塞洞孔。

3.2.1.3　空间吸声体

所有护面的多孔吸声结构做成各种形状的单块，称为吸声体。彼此按一定的间距排列，悬吊在天花板下，这样，吸声体除正对声源的一面可以吸收入射声能外，通过吸声体间空隙衍射或反射到背面、侧面的声能也都能被吸收，这种悬吊的立体多面吸声结构称为空间吸声体。空间吸声体可以做成三角平板体、球体、圆锥体、圆柱体、菱形体、正方体等各种形状，如图 3—3 所示。

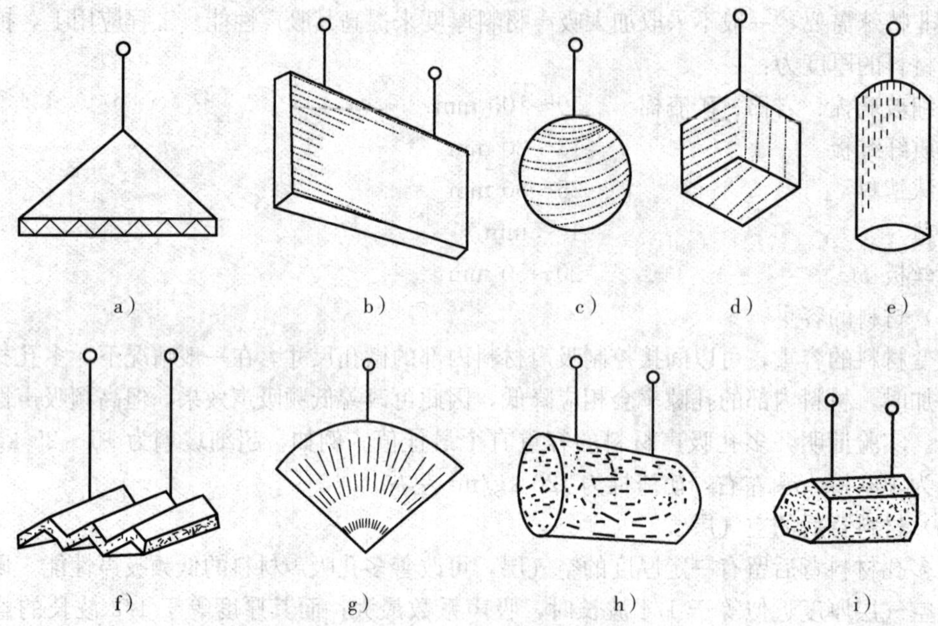

图 3—3　几种常见形状的空间吸声体

a）三角平板体　b）平板矩形体　c）球体　d）正方体　e）竖圆柱体
f）波纹体　g）圆锥体　h）横圆柱体　i）六菱体

空间吸声体由框架、吸声材料和护面结构组成，框架上有供吊装用的吊环。在设计空间吸声体时应注意，对于高频声的吸收，其效果随着空间吸声体尺寸的减少而增加；对于低频声的吸收，则随着空间吸声体尺寸的加大而升高。同时考虑到运输和吊装方便，空间吸声体的尺寸不宜过大和过小。吸声材料的选择和填充是决定吸声体吸声性能的关键。目前，国内常用的填充材料为超细玻璃棉，填充密度、厚度时，应根据噪声频率特性经计算和实测而定。护面结构对空间吸声体的吸声性能有很大影响，工程上常用的护面材料有金属网、塑料窗纱、玻璃布、麻布、纱布及各类金属穿孔板等。护面材料的穿孔率应大于 20%，否则会降低吸声材料高频段的吸声性能。此外，选择护面材料时，还应考虑使用环境和经济成本。

设计或选择各种空间吸声体时，不仅要了解单个吸声体的性能，而且要掌握悬挂要领，只有正确悬挂，才能取得高吸收、低成本、经济实用的效果。实践和经验表明，面积比和悬挂高度是影响空间吸声性能的两个主要因素。悬挂空间吸声体应遵循以下原则。

(1) 吸声体面积与室内所需降噪面积之比一般取 40% 左右，或取整个室内总表面积的 15%左右，即可达到整个平顶都粘贴吸声材料时的降噪效果。若再增大面积比，降噪量提高很少。

(2) 如条件允许，吸声体的悬挂位置应尽量靠近声源，在面积比相同的条件下，吸声体垂直悬挂的吸声特征基本相同。当房间高度<6 m 时，水平悬挂吸声体，吸声体离顶棚高度以房间净高的 1/7～1/5 为宜，也可取距顶棚高度 750 mm 左右，吸声体以条形排列为佳。当房间高度>6 m 时，则可将吸声体垂直悬挂在靠近发声设备一侧的墙面上。

(3) 吸声体分散悬挂优于集中悬挂，特别对中高频声的吸声效果可提高 40%～50%。如在两相对墙面上吊挂吸声体，吊挂面积应尽量接近。垂直悬挂时，各排间距控制在 600～1 800 mm。

(4) 吸声体悬挂后，应不妨碍采光、照明、起重运输、设备检修、清洁等，并做到美观、大方、色彩协调。

吸声尖劈是一种楔子形空间吸声体，即在金属网架内填充多孔吸声材料，如图 3—4 所示。吸声尖劈是消声室或强吸声场所的一种常用的强吸声结构，其吸声原理为：利用特性阻抗逐渐变化，即从尖劈断面特性阻抗接近于空气的特性阻抗，逐渐过渡到吸声材料的特性阻抗。该吸声结构低频特性极好，当吸声尖劈的长度大约等于所需吸收声波最低频波长的一半时，其吸声系数可达到 0.99。吸声尖劈的形状有等腰劈状、直角劈状、阶梯状、无规则状等。

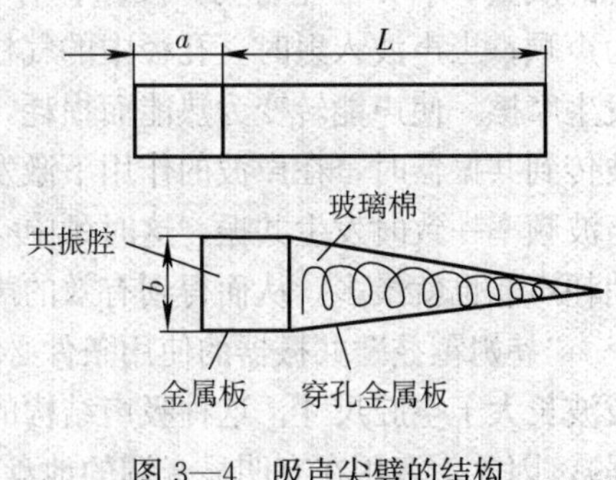

图 3—4 吸声尖劈的结构

3.2.2 吸声结构

根据对多孔吸声材料吸声特性的研究，多孔材料对中高频声吸收较好，而对低频声吸收性能较差，若采用共振吸声结构则可以改善低频吸声性能。利用共振原理做成的吸声结构称为共振吸声结构，它基本可分为三种类型：薄板共振吸声结构、穿孔板共振吸声结构和微穿孔板共振吸声结构。

3.2.2.1 薄板共振吸声结构

当入射声波的频率与结构的固有频率一致时，产生共振，此时消耗的声能最大。薄板共振结构的固有频率一般较低，能有效吸收低频声。其固有频率可由下式计算。

$$f_0 = \frac{600}{\sqrt{mD}}$$

式中 f_0——固有频率，Hz；

m——薄板的面密度，kg/m^2；

D——空气层的厚度，cm。

增加薄板的面密度或空气层的厚度，可使薄板振动结构的固有频率降低，反之则提高。

常用木质薄板共振吸收结构的板厚取 3～6 mm，空气层厚度取 30～100 mm，共振频率为 100～3 000 Hz，其吸声系数一般为 0.2～0.5，若在薄板结构的边缘放置一些柔软材料（如橡皮条、海绵条、毛毡等），或在空气层中沿龙骨四周适当填放一些多孔吸声材料，则可明显提高其吸声性能。

3.2.2.2　穿孔板共振吸声结构

在薄板上穿以小孔，在其后与刚性壁之间留一定的空腔所组成的吸声结构为穿孔板共振吸声结构。按照薄板上穿孔的数码分为单孔共振吸声结构和多孔穿孔板共振吸声结构。

(1) 单孔共振吸声结构

单孔共振吸声结构又称为“赫姆霍兹”共振吸声器或单腔共振吸声器。它是一个封闭的空腔，在腔壁上开一个小孔与外部空气相通，其结构如图 3—5 所示。可用陶土、煤渣等烧制，或水泥、石膏浇筑而成。

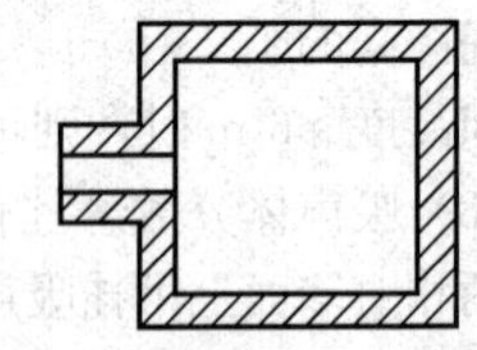

图 3—5　单孔共振吸声结构

这种结构腔体中的空气具有弹性，相当于弹簧。开孔孔径中的空气柱很短，可视为不可压缩的流体，比拟为振动系统的质量 M，声学上称为声质量；有空气的空腔比作弹簧 K，能抗拒外来声波的压力，称为声顺；当声波入射时，孔径中的气柱体在声波的作用下便像活塞一样作往复运动，与颈壁发生摩擦，使声能转变为热能而损耗，这相当于机械振动的摩擦阻尼，声学上称为声阻。声波传到共振器时，在声波的作用下激发颈中的空气柱往复运动，在共振器的固有频率与外界声波频率一致时发生共振，这时颈中空气柱的振幅最大且振速达到最大值，因此阻尼最大，消耗声能也就最多，从而得到有效的声吸收。

“赫姆霍兹”共振器的使用条件必须是空腔小孔的尺寸比空腔尺寸小得多，并且外来声波波长大于空腔尺寸。这种吸声结构的特点是，吸收低频噪声，吸收频带较窄（频率选择性强），因此，多用在有明显音调的地盘声场合。若在颈口处放置一些诸如玻璃棉之类的多孔材料，或加贴一薄层尼龙布等透声织物，可以增加颈口部分的摩擦阻力，增宽吸声频带。

其共振频率为：

$$f_0 = \frac{C}{2\pi}\sqrt{\frac{S_0}{Vl_k}}$$

式中　C——声速，m/s，一般取 340 m/s；

S_0——颈口面积，m^2；

V——空腔体积，m^3；

l_k——孔径有效长度；

d——颈口直径，m；

l_0——颈的实际长度（板厚），m。

当空腔内壁贴多孔材料时：

$$l_k = l_0 + 1.2d$$

(2) 多孔穿孔板吸声结构

多孔穿孔板共振吸声结构通常简称为穿孔板共振吸声结构，实际是单孔共振器的并联组合，故其吸声机理同单孔共振结构。但吸声状况大为改善，应用较为广泛。当小孔均匀分布且孔径一致时，这种结构的共振频率计算公式如下：

$$f_0 = \frac{C}{2\pi}\sqrt{\frac{p}{L_k D}}$$

式中 f_0——共振频率，Hz；

C——声速，常温下为 34 000 cm/s；

p——穿孔率，即穿孔面积在总面积中所占的百分比；

D——穿孔板后空气层的厚度，cm；

L_k——孔颈的有效长度，cm；当孔径 d 大于板厚 t 时，$L_k = t + 0.8d$；当空腔内贴多孔材料时，$L_k = t + 1.2d$。

穿孔率越高，每个共振腔所占的体积越小，共振频率就越高。可改变穿孔率来控制共振频率。穿孔率应小于 20%，否则会大大降低其吸声性能。在工程设计中通常要求共振频率在 100～4 000 Hz，板厚一般取 1.5～13 mm，孔径为 2～15 mm，孔心距为 10～100 mm，穿孔率为 0.5%～5%，甚至可达 15%，空腔深为 50～300 mm。穿孔板吸声结构具有较强的频率选择性，仅在共振频率附近背后贴一层纱布或玻璃布，也可在空腔内填装多孔性吸声材料。

3.2.2.3 微孔板共振吸声结构

微穿孔板吸声结构是在普通穿孔板吸声结构基础上发展起来的一种新型结构，是我国著名声学专家、中国科学院院士马大猷教授的研究成果。这种结构也是利用微孔中空气的黏滞阻力消耗入射声能，因其孔径小，声阻大，故在较宽的频率范围内具有较高的吸声性能。在板厚小于 1.0 mm 的薄金属板上穿以孔径≤1.0 mm 的微孔，穿孔率在 1%～5%之间，后部留有一定厚度的空气层，这样就构成了微穿孔板吸声结构。微穿孔板吸声结构比普通穿孔板吸声结构的吸声系数高，吸声频带宽。

微穿孔板吸声结构由于板薄、孔径小、声阻抗大、质量小，因此，吸声系数和吸声频带宽度比穿孔板吸声结构要好，并具有结构简单、加工方便，特别适合于高温、高速、潮湿以及要求清洁卫生的环境下使用等优点。在实际应用中，为使吸声频带向低频方向扩展，可采用双层或多层微穿孔板吸声结构。其缺点是孔小，易堵塞，微孔加工较困难。

微穿孔板在国内噪声控制工程及改善厅堂音质方面得到了广泛应用。例如，一些对清洁环境要求较高的场所相继采用了微穿孔吸声处理，高架路声屏障也可用透明微穿孔板吸声结构。

3.3 吸声技术应用

3.3.1 吸声降噪措施的应用范围

吸声处理只能降低反射声的影响，对直达声是无能为力的，不能希望通过吸声处理而降低直达声。吸声降噪的效果是有限的，其降噪量一般为 3～10 dB。吸声降噪的实际效果主要取决于所用吸声材料或吸声结构的吸声性能、室内表面情况、室内容积、室内声场分布、噪声频谱以及吸声结构安装位置是否合理等因素。采取吸声降噪措施时，应考虑以下几个因素：

（1）吸声降噪效果与原房间的吸声情况关系较大。

当原房间内壁面平均声系数较小时，如壁面采用吸声系数较小的坚硬而光滑的混凝土抹面，采用吸声降噪措施，才能取得良好的效果。如原房间壁面及物体已具有一定的吸声量，即吸声系数较大，再采取吸声降噪措施，效果非常有限。原则上，吸声处理后的平均声系数应比处理前大两倍以上，吸声降噪才有明显效果，即噪声降低 3 dB 以上。

（2）室内的声源情况对吸声降噪效果影响较大。

若室内分散布置多个噪声源（如纺织厂的织布空间等），对每一噪声源进行降噪处理比较困难。因室内各处直达声都很强，吸声处理效果有限，一般吸声降噪量为 3～4 dB，但由于减少了混响声能，室内工作人员主观感觉上消除了来自四面八方的噪声干扰，反应良好。吸声处理对接近声源的接受者效果较差，对远离声源的接受者效果较好，而对周围的环境噪声降低效果更为显著。

（3）房间的形状、大小及所用吸声材料或吸声结构对吸声降噪效果的影响。

在容积大的房间内，声源附近近似于自由声场，直达声占优势，吸声处理效果较差。在容积小的房间内，反射声的能量所占比例很大，吸声处理效果就比较理想。经验表明，当房间容积小于 3 000 m^3 时，采用吸声处理效果较好。若房间虽大，但其形状向一个方向延伸，顶棚较低，长度或宽度大于其高度的 5 倍，采用吸声降噪措施，效果比同体积的立方体房间要好。拱形屋顶，有声聚焦的房间，采取吸声降噪措施效果最好。吸声材料结构应布置在噪声强烈的地方。房间高度小于 6 m，应将一部分或全部顶棚进行吸声处理；若房间高度大于 6 m，则最好在声源附近的墙壁上进行吸声处理或在其附近设置吸声屏或吸声体。

（4）吸声材料的吸声性能及价格。

选用吸声材料和吸声结构时，首先应有利于降低声源频谱的峰值频率噪声，尤其是中高频峰值频率噪声的降低，对吸声降噪的效果最为明显。所用吸声材料和共振吸声结构的吸声性能应比较稳定、价格低廉、施工方便、符合卫生要求、对人无害，应防火、美观、经久耐用。

实际工程中，对一个未经吸声处理的车间采取适当的吸声降噪措施，使车间内的噪声平均降低 5～7 dB 是比较切实可行的。要想获得更高的减噪效果，困难会大幅度增加，往往得不偿失。吸声处理后使噪声降低 5～7 dB，已经可以产生良好的降噪效果，主观感觉上噪声明显变小。从而做到技术可行，经济合理。

3.3.2 吸声材料的发展趋势

随着材料工业发展，越来越多的各类声学材料出现在市场。在建材行业，已有一批较先进和已形成规模化生产能力的企业，特别是纤维性吸声材料及护面材料、轻质隔声材料和隔声结构等。噪声控制工程师选用标准化、系列化的声学材料时会更有余地，包括吸声材料、隔声材料、阻尼材料及其复合材料。声学材料的发展趋势大致如下：

（1）“环保”型声学材料和“安全”型声学材料

大量的环境和人居场所的污染以及化学、物理危害因素调查工作表明，人们越来越注意使用“环保”型声学材料和“安全”型声学材料，包括无毒无害、阻燃防火等功能，一些用户甚至要求使用“天然”和功能性的声学材料。特别是在居住场所、人员集中工作场所、有特殊要求的场所对“环保”型和“安全”型声学材料要求的呼声更高。世界各国在“环保”型声学材料和“安全”型声学材料领域的研究工作非常活跃。微穿孔板吸声结构和消声器在国内外的成功应用是一个典型的实例。

(2) 复合型声学材料

汽车、火车、飞机等交通运输工具、各类工程机械、家用电器设备的噪声发射已列入重要产品质量评价指标，由于考虑质量和空间的限制，大量不同类型复合声学材料被采用。已成功应用在噪声源控制中的复合声学材料有阻尼—吸声复合材料、阻尼—吸声—隔声复合材料等。

(3) 多功能声学材料

在一些情况下，声学材料集多种功能于一体，除吸声、隔声、阻尼等声学功能外，还具有其他功能，如电磁屏蔽、射线屏蔽、防火阻燃以及其他防护功能等。这类多功能声学材料在特种车辆、建筑施工等设备和场所得到应用，并受到欢迎。

技能训练二 吸声设计

一、吸声设计程序

1. 详细了解待处理房间的噪声级和频谱。首先了解车间内各种机电设备的噪声源特性，选定噪声标准。

2. 根据有关噪声标准，确定隔频程所需的降噪量。

3. 估算或进行实际测量要采取吸声处理车间的吸声系数（或吸声量），求出吸声处理增加的吸声量或平均吸声系数。

4. 选取吸声材料的种类及吸声结构类型，确定吸声材料的厚度、表观密度、吸声系数，计算吸声材料的面积和确定安装方式等。

二、设计计算

1. 房间平均吸声系数和计算

如果一个房间的墙面上布置几种不同的材料时，它们对应的吸声系数为 α_1、α_2、α_3，吸声面积为 S_1、S_2、S_3，房间的平均吸声系数为：

$$\bar{\alpha} = \frac{\sum_{i=1}^{n} S_i \alpha_i}{\sum_{i=1}^{n} S_i}$$

2. 吸声量的计算

吸声量又称等效吸声面积，为吸声面积与吸声系数的乘积。

$$A = \alpha S$$

式中 A——吸声量，m^2；

α——吸声系数；

S——吸声材料面积，m^2。

如果一个房间的墙面上布置有几种不同的材料时，则房间吸声量为：

$$A_i = \sum_{i=1}^{n} \alpha_i S_i$$

式中 A_i——第 i 种材料组成壁面的吸声量，m^2；

α_i——第 i 种材料的吸声系数；

S_i——第 i 种材料的面积 m^2。

3. 室内声级的计算

房间内噪声的大小和分布取决于房间形状、墙壁、天花板、地面等室内器具的吸声特性，以及噪声源的位置和性质。室内声压级的计算公式为：

$$L_P = L_W + 10\ \lg\left(\frac{Q}{4\pi r^2} + \frac{4}{R_r}\right)$$

式中 L_P——室内声压级，dB；

L_W——声功率级；

Q——声源的指向因素，声源位于室内中心，$Q=1$；声源位于室内地面或墙面中心，$Q=2$；声源位于室内某一边线中心，$Q=4$；声源位于室内某一角，$Q=8$；

r——声源至受声点的距离，m；

R_r——房间常数。

定义式为：

$$R_r = \frac{S\bar{\alpha}}{1-\alpha}$$

4. 混响时间计算

在总体积为 V（m^3）的扩散声场中，当声源停止发声后，声能密度下降为原有数值的百万分之一所需的时间，或房间内声压级下降 60 dB 所需的时间，叫做混响时间，用 T 表示。其定义为赛宾公式。

$$T = \frac{0.161V}{S\alpha}$$

5. 吸声降噪量的计算

设处理前房间平均系数为$\bar{\alpha}_1$，声压级为 L_{P1}，吸声处理后为$\bar{\alpha}_2$、L_{P2}。吸声处理前后的声压级差 L_P 即为降噪量，可由下式计算：

$$\Delta L_P = L_{P1} - L_{P2} = 10\ \lg\frac{\dfrac{Q}{4\pi r^2} + \dfrac{4}{R_{r1}}}{\dfrac{Q}{4\pi r^2} + \dfrac{4}{R_{r2}}}$$

在噪声源附近，直达声占主要地位，即$\dfrac{Q}{4\pi r^2} > \dfrac{4}{R_r}$略去$\dfrac{4}{R_r}$项，得：

$$\Delta L_P = 10\ \lg 1 = 0$$

在离噪声源足够远处，混响声占主要地位，即$\dfrac{Q}{4\pi r^2} < \dfrac{4}{R_r}$略去$\dfrac{Q}{4\pi r^2}$项，得：

$$\Delta L_P = 10\ \lg\frac{R_{r2}}{R_{r1}} = 10\ \lg\left(\frac{\bar{\alpha}_2}{\bar{\alpha}_1} \times \frac{1-\bar{\alpha}_1}{1-\bar{\alpha}_2}\right)$$

因此，将上式加以简化，可得整个房间吸声处理前后噪声降低量：

$$\Delta L_P = 10\lg\frac{\bar{\alpha}_2}{\bar{\alpha}_1}$$

由 $A=\alpha S$ 和赛宾公式，因此：

$$\Delta L_P = 10\lg\frac{A_2}{A_1}$$

$$\Delta L_P = 10\lg\frac{T_2}{T_1}$$

式中 A_1，A_2——吸声处理前、后的室内总吸声量，m^2；

T_1，T_2——吸声处理前、后的室内混响时间，s。

三、吸声降噪设计应用实例

实例 1 某车间长 16 m，宽 8 m，高 3 m，在侧墙边有两台机床，噪声波及整个车间。采取吸声降噪措施，使距机床 8 m 以外处噪声降至噪声评价曲线 NR—55，试进行吸声处理设计。

该吸声降噪设计按如下步骤进行（有关数据见表 3—2）。

表 3—2 **吸声设计数据**

序号	项目	各倍频程中心频率下的参数						说明
		125 Hz	250 Hz	500 Hz	1 000 Hz	2 000 Hz	4 000 Hz	
1	距机床 8 m 处噪声声压级/dB	70	62	65	60	56	53	实测值
2	噪声容许标准/dB	70	63	58	55	52	50	NR—55 噪声评价曲线
3	所需降噪量/dB	—	—	7	5	4	3	(1) － (2)
4	处理前的平均吸声系数 $\bar{\alpha}_1$	0.06	0.08	0.08	0.09	0.11	0.11	实测或计算
5	处理后应有的平均吸声系数 $\bar{\alpha}_2$	0.06	0.08	0.40	0.30	0.34	0.35	
6	现有吸声量/m^2	24	32	32	36	44	44	$A_1=S\bar{\alpha}_1$，$S=400\ m^2$
7	应有吸声量/m^2	24	32	160.4	113.8	110.5	87.8	$A_2=A_1\cdot 10^{0.1\Delta L_P}$
8	需要增加的吸声量/m^2	0	0	128.4	77.9	66.5	44	(7) － (6)
9	选用穿孔加超细玻璃棉，α	0.11	0.36	0.89	0.71	0.79	0.75	查表 3—1
10	所需吸声材料数量/m^2	0	0	144.3	109.7	84	56	(8) ÷ (9)

1. 在设计前现场测量距机床 8 m 处噪声各倍频程声压级数值。

2. 根据噪声控制目标值，查噪声评价曲线 NR—55，得各倍频程容许的声压级数值。

3. 计算各倍频程声压级所需的降噪值。

4. 由 $\bar{\alpha}_1=\sum S_i\bar{\alpha}_i/\sum S_i$，计算吸声处理前各倍频程的平均吸声系数或进行实际测量。

5. 根据所需降噪量及$\bar{\alpha}_1$，求出处理后应有的各倍频程的平均吸声系数$\bar{\alpha}_2$。即$\bar{\alpha}_2=\bar{\alpha}_1 10^{0.1\Delta L_P}$，如500 Hz处应有的吸声系数为：

$$\bar{\alpha}_2=0.08\times 10^{0.1\times 7}=0.4$$

6. 计算吸声处理前的吸声量A_1，该房间的内表面积$S=400\ m^2$，则500 Hz处的吸声量为：

$$A_1=S\bar{\alpha}_1=400\times 0.08=32(m^2)$$

7. 计算应有吸声量。如在500 Hz处的吸声量为：

$$A_2=A_1 10^{0.1\Delta L_P}=32\times 10^{0.1\times 7}=160.4(m^2)$$

8. 计算所需增加的吸声量。如500 Hz处为：

$$A_2-A_1=160.4-32=128.4(m^2)$$

9. 选择穿孔板加超细玻璃棉吸声结构。穿孔板$\Phi 5$，$p=25\%$，$t=2$，吸声层厚5 cm。

10. 计算所需吸声材料的数量。如在500 Hz处，需要吸声材料的数量为：

$$128.4\div 0.89=144.3(m^2)$$

由计算结果可知，室内加装144.3 m² 吸声组合结构，即可满足NR－55的要求。

实例2 某厂冲床车间是钢筋混凝土砖石结构建筑，槽形混凝土板平顶，混凝土地面，墙面为水泥石灰粉刷砖墙。车间内装有8～60 t冲床40余台，80 t冲床和160 t冲床各1台。经测定，车间内总声级达到95 dB（A），噪声频带较宽广，以250～1 000 Hz最突出，操作人员对噪声的反应强烈。邻近的建筑物内，因噪声过大，使会议室和电话通信难以正常进行。

考虑到冲床噪声的特点是断续脉冲声，车间内冲床台数较多，操作人员相互受到其他冲床的干扰，采用吸声处理降低混响声，可使操作人员每天的噪声暴露量大为减少，对邻近建筑物的干扰也会明显改善。当然，对于高声级车间，吸声减噪只能作为控制噪声的手段。对于操作人员，近旁的噪声还应采用如隔声罩或个人防护等措施，才能达到噪声标准规定允许的要求。车间内的中央一点（远离冲床）测定的冲床车间噪声频率特性如图3—6中曲线A所示。

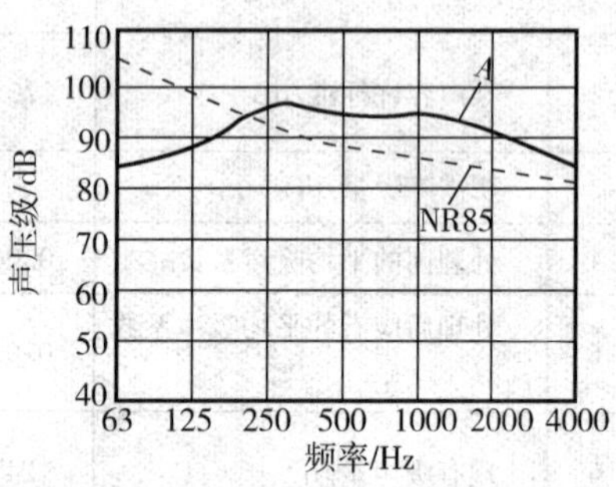

图3—6 冲床车间噪声频谱特性

由图3—6可知200 Hz以上的频带噪声超过允许标准NR－85曲线，尤以250 Hz、500 Hz、1 000 Hz为甚。因此，吸声处理的重点为降低这些频带的噪声，并取吸声峰值在500 Hz附近。吸声材料布置方式和结构如图3—7所示，采用穿孔板共振吸声结构，护面层为孔径6 mm、孔距16 mm、穿孔率11%的穿孔硬质纤维板，内填50 mm厚超细玻璃棉，外包棉花纸，容积密度20 kg/m³，空腔（材料与平顶的间距）厚度0.5 m。穿孔板共振吸声结构悬挂在平顶下，面积约为510 m²，周围侧墙采用软质纤维板（半穿孔）吸声材料（粘贴在墙上），面积约为170 m²。经测量，穿孔板共振吸声结构的吸声峰值位于500 Hz附近，与设计要求基本相符。

由现场测定所得吸声处理前、后车间总吸声量A_1、A_2，按照公式，计算各频率降噪量并将其列于表3—3。总降噪量为5 dB，达到明显的效果。邻近的会议室基本能正常交谈。

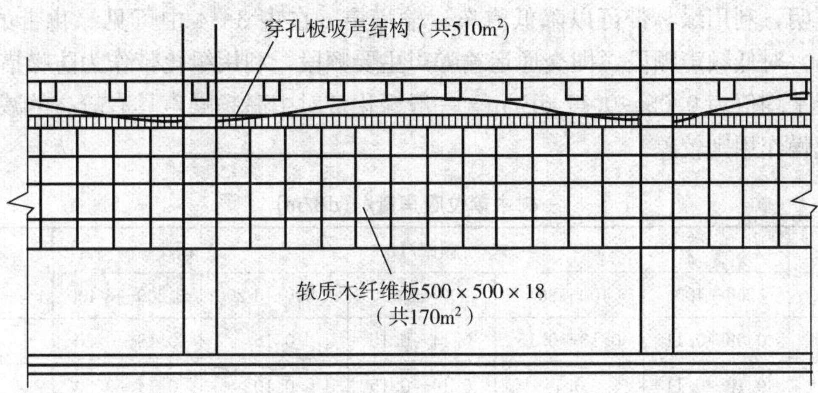

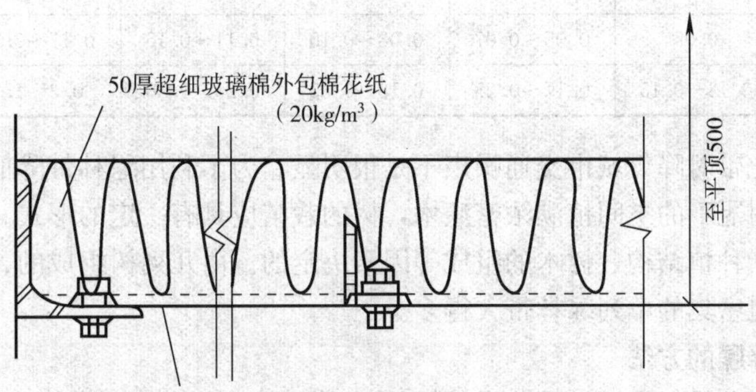

图 3—7　吸声材料的布置方式和结构

表 3—3　　各频率降噪量

频率/Hz	250	500	1 000	2 000	4 000
降噪量	3	5.7	5	4	32

阅读材料三　利用绿化控制噪声

一、绿化降噪的原理和效果

城市绿化对降低环境噪声、改造自然、净化空气、防风固沙、调节和改善城市气候、保护和美化环境等有着重要的作用。

绿化带可以控制噪声在声源和接收者之间的空间自由传播，声能遇到由树叶形成的介质，其阻力比空气介质大得多，并能反射和吸收入射到树叶表面、树干、树枝上的声能。由于每片树叶的柔软性，一部分声能在低音频率范围内变为树叶固有振动频率的振动能量，使其变为热能；另一部分声能被大量的树叶所吸收。由此可见，绿化带如同各种物质介质一样都具有吸收声能的作用，介质稠密度越高，则效果越明显；同时，密植的树木是声波传播途径上的绿色屏蔽，在屏障后面形成声影区。

研究证明，利用绿林带可以降低汽车运输噪声。在表 3—4 中可见绿化带的降噪效果。从表中看出，对低频声频段，即交通运输噪声主要频段，利用绿化带作为防噪措施所达到的降低噪声级平均值为 0.05～0.17 dB/m。一般绿化带对中高频噪声具有较高的减噪效果，而对低频的减噪作用则较差。

表 3—4　　树木单位吸声量/（dB/m）

树木种类	频率/Hz					全频带噪声降低平均值
	200～400	400～800	800～1 600	1 600～3 200	3 200～6 400	
松木（树冠）	0.08～0.11	0.13～0.15	0.14～0.15	0.16	0.19～0.20	0.15
幼年松林	0.10～0.11	0.1	0.10～0.15	0.10	0.14～0.20	0.15
冷杉（树冠）	0.10～0.12	0.14～0.17	0.18	0.14～0.17	0.23～0.30	0.18
茂密阔叶林	0.05	0.05～0.07	0.08～0.10	0.11～0.15	0.17～0.20	0.12～0.17
浓密的绿篱	0.13～0.15	0.17～0.25	0.18～0.35	0.20～0.40	0.3～1.5	0.25～0.35

但是，绿化带对降低城市交通噪声不是很明显。为了利用绿林带降低交通噪声，必须做到密集栽植，树冠下的空间植满浓密灌木，树的栽植应具有一定的形式。绿化带噪声效果是由林带的密度、种植结构、树木的组成等因素决定的。由几列树组成的、有一定间隔的绿林带的减噪比树冠密集的单列绿林带大得多。

二、绿化降噪的方法

正确选择树种是提高绿林带防噪效果的重要一环，因此，应选择叶茂枝密、树冠低垂、粗壮、生产迅速、减噪力强的品种，如由雪松、杨树、珊瑚树、桂树、水杉、龙柏等组成的绿化带。同时，还必须选择能抗有害气体的树种。在栽植时，可采用一种或两种数作为绿化林带的骨架和高层的主要组成部分，而其他灌木树形成低层绿林带。一般说来，树的高度不小于 7～8 m，灌木的高度不小于 1.5～2 m。树木栽植的间距为 0.5～3 m。

多列树木组成的绿化带较适合于城市采用，因为每列之间可以敷设人行林阴道。利用绿化带降低噪声可以收到很好的效果，密植 20～30 m 宽的林带能够降低交通噪声 10 dB。绿林带宽度为 10～15 m 时，降低交通噪声的效果良好。

根据城市人口多、建筑密度大的特点，除了大力种树、花、草外，还可以大力发展垂直绿化，种植一些攀缘植物，如爬山虎、牵牛花、紫藤、地锦、葡萄等，它们基本上不占地，适合在房基下、围墙边或凉台等处种植。这些植物生长快，容易繁殖，大多数攀缘植物抗污染比较强，适应城市环境。这种形式的绿化队减噪非常有效，尤其对高层建筑防治噪声具有一定的作用。如果房屋墙壁被攀缘植物覆盖，那么与抹灰泥的砖墙相比，其吸声能力增加 4～5倍，这样进入室内的噪声就由于垂直绿化而大大降低。

思考与练习

1. 常用的吸声材料有哪些种类？各有什么特点？

2. 常用的吸声结构有哪些？各有什么特点？

3. 多孔吸声材料与共振吸声结构在吸声原理和性能上有什么差别？

4. 吸声结构选择与设计的原则是什么？

5. 简述吸声材料的发展趋势。

6. 如何改善穿孔板共振吸声结构吸声系数？

7. 什么是空间吸声体？安装时应注意什么问题？

8. 穿孔板厚 4 mm，孔径 8 mm，穿孔按正方形排列，孔径 20 mm，穿孔板厚留有10 cm厚的空气层，试求穿孔率和共振频率。

9. 已知一穿孔板共振吸声结构，板厚 2 mm，孔径 6 mm，与墙空腔深度 15 cm，求该结构的共振吸声频率。

4 消　声

消声器是一种控制气流沿管道传播的消声设备，这种装置可以在减少噪声的同时不影响或很少影响气流的通过，是降低空气动力学噪声的主要技术措施。消声器主要应用在风机进出口和排气管口，以及通风换气的地方。消声器对降低噪声污染、改善劳动条件和生活环境具有重要的应用价值。环境噪声与工业噪声中有相当部分是气流产生的，而消声器能有效减少这些噪声。因此，消声器在噪声控制中得到了广泛的应用。

4.1 消声原理

4.1.1 消声器的工作机理

消声器的种类很多，按其消声机理大体分为阻性消声器、抗性消声器和阻抗复合式消声器三大类。

4.1.1.1 阻性消声器

阻性消声器是利用吸声材料的吸声作用，使沿通道传播的噪声不断被吸收而逐渐衰减的装置。把吸声材料固定在气流通过的管道内壁，或按一定方式在通道中排列起来，就构成了阻性消声器。当声波进入消声器中，引起阻性消声器内多孔材料中的空气和纤维振动，由于摩擦阻力和黏滞阻力，使一部分声能转化为热能而散失掉，从而起到消声的作用。

阻性消声器应用十分广泛，它对中高频范围的噪声具有较好的消声效果。

阻性消声器的消声器的结构形式、长度、通道横截面积、吸声材料性能、密度、厚度以及穿孔板的穿孔率等因素有关。消声量可用下式近似计算：

$$\Delta L = \varphi(a_0)\frac{P}{S}l$$

式中　ΔL——消声量，dB；

φ（a_0）——与材料吸声系数 a_0 有关的消声系数，dB，见表 4—1；

P——通道截面的周长，m；

S——通道横截面的面积，m^2；

l——消声器的有效长度，m。

由上式可以看出，阻性消声器的消声量与消声系数有关，即材料吸声性能越好，消声量越高；其次，消声量与长度、周长成正比，与横截面面积成反比。因此，设计消声器时，要挑选有较高吸声系数的材料，准确计算通道各部分的尺寸。

表 4—1　　φ（a_0）与 a_0 的关系

a_0	0.05	0.10	0.15	0.20	0.25	0.30	0.35	0.40	0.45	0.50	0.55	0.60～1.00
φ（a_0）	0.05	0.11	0.17	0.24	0.31	0.39	0.47	0.55	0.64	0.75	0.86	1～1.5

阻性消声器的实际消声量与噪声的频率有关。声波的频率越高，传播的方向性越强。对于一定截面积的气流通道，当入射声波的频率高到一定的程度时，由于方向性很强而形成“声束”状传播，很少接触贴附在管壁的吸声材料，消声量明显下降。产生这一现象对应声波频率成为上限失效频率 f_n，f_n 可用下列经验公式计算：

$$f_n \approx 1.85c/D$$

式中　c——声速，m/s；

D——消声器通道的当量直径，m。

其中圆形管道取直径，矩形管道取边长的平均值，其他可取面积的开方值。

当频率高于失效频率时，每增高一个倍频带，其消声量约下降 1/3，可用下式估算：

$$\Delta L' = \frac{3-n}{3}\Delta L$$

式中　$\Delta L'$——高于失效频率的某倍频程的消声量；

ΔL——失效频率处的消声量；

n——高于失效频率的倍频程频带数。

4.1.1.2　抗性消声器

抗性消声器与阻性消声器的消声机理是完全不同的，它的特点是没有敷设吸声材料，因此不能直接吸收声能。抗性消声器是由突变界面的管和室组合而成的，好像是一个声学滤波器，与电学滤波器相似，每个带管的小室是滤波器的一个网孔，如图 4—1 所示。

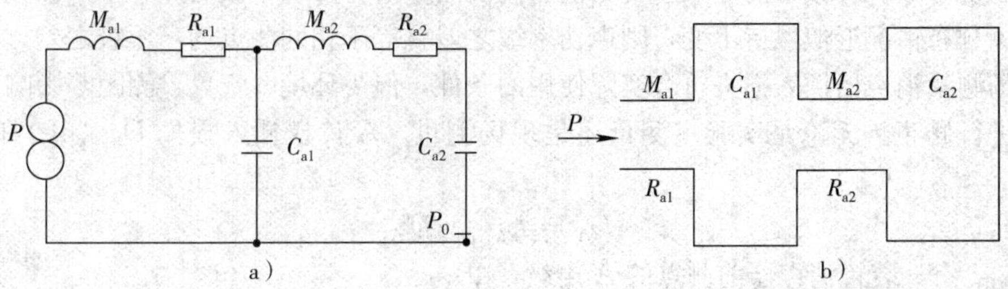

图 4—1　抗性消声器的电声类比

管中的空气质量相当于电学中的电感和电阻，用 M 和 R 表示。小室中的空气质量相当于电学中的电容，称为声顺，用 C 表示。不同的管和室组合，相当于不同的声质量、声阻和声顺组合。与电学滤波器类似，每一个带管的小室都有自己的固有频率。当包含有各种频率成分的声波进入第一个短管时，只有在第一个网孔固有频率附近的某些频率的声波才能通过网孔到达第二个短管口，而另外一些频率的声波则不可能通过网孔，只能在小室来回反射，因此，称这种对声波有滤波功能的结构为声学滤波器，选取适当的管和室进行组合，就可以滤掉某些频率成分的噪声，从而达到消声的目的。

4.1.1.3　阻抗复合式消声器

在消声性能上，阻性消声器和抗性消声器有明显的差异。阻性消声器适用于消除中低频噪声，而抗性消声器用于消除中高频噪声。在实际工作中，经常遇见宽频带噪声，即低中高频的噪声都很高。为了在较宽的范围获得较好的消声效果，通常采用阻抗复合式消声器。

阻抗复合式消声器是把阻性和抗性两种消声原理通过适当结构复合起来而构成的。常用的阻抗复合式消声器有阻性—扩张室复合消声器、阻性—共振腔复合消声器以及阻—扩—共复合式消声器等。

4.1.2　消声性能参数

消声器的消声量是评价其声学性能好坏的重要指标。但是，测量方法不同，所得消声量也不同。当消声器内没有气流通过而仅有声波通过时，测得的消声量为静态消声量；当有声波和气流同时通过消声器时，测得的消声量为动态消声量。

国家标准《消声器测量方法》（GB 4760—84）对消声器实验室测量方法和现场测量方法作了详细的规定，实验室测量方法是在可控实验室条件下较深入细致的测试消声器的性能，主要适用于以阻性为主的管道消声器。现场测量方法是在实际使用条件下直接测试消声器的消声效果，适用于一端连通大气的一般消声器。

消声器声学性能的评价量有下列四种。

4.1.2.1　插入损失

插入损失是指系统中插入消声器前后在系统外某定点测得的声功率级之差。

在实验室内测量插入损失一般应采用混响室法、半消声室法或管道法，这几种方法都应进行装置消声器以前和以后两次测量，先测出通过管口辐射噪声的各倍频带或1/3倍频带声功率级，然后用消声器换下相应的替换管道，保持其他实验条件不变，同一测点测出各频带相应的声功率级。各频带的插入损失为前后两次测量所得声功率级之差。如果装置消声器前后，声场分布情况近似保持不变，则声功率级之差就等于相同测点的声压级之差。

现场测量消声器插入损失符合实际使用的条件，但受环境、气象、测距等影响，其测量结果应进行修正。无论是实验室测量还是现场测量，A计权插入损失 D_B（dB）的计算如下：

$$D_A = L_{pA_1} - L_{pA_2}$$

式中　L_{pA_1}——装置消声器前测点的A声级，dB；

L_{pA_2}——装置消声器后测点的A声级，dB。

$$L_{pA_1} = 10\lg\left\{\sum_i 10^{0.1(L_{pi}+\Delta_i)}\right\}$$

$$L_{pA_2} = 10\lg\left\{\sum_i 10^{0.1(L_{pi}-D_i+\Delta_i)}\right\}$$

式中　i——频带的序号；

L_p——第 i 个频带声压级，dB；

Δ_i——第 i 个频带的 A 计权修正值，dB；

D_i——第 i 个频带插入损失，dB。

4.1.2.2 传声损失

传声损失为消声器进口端声功率级与出口端声功率级之差。在通常情况下，消声器进口与出口端的通道截面相同，声压沿截面近似均匀分布，这时传声损失等于进口端声压级与出口端声压级之差。

测量消声器的传声损失，必须在实验室给定工况下分别在消声器两端进行测量，在消声器进口端测出对应于入射声的倍频带或 1/3 倍频带声功率级，在出口端测出对应于透射声的相应声功率级。各频带传声损失等于两端分别测量所得频带声功率级之差。一般应以管道法测量入射声和透射声的声压级。

各频带传声损失 TL 由下式决定：

$$TL = \overline{L}_{Pi} - \overline{L}_{Pt} + (K_t - K_i) + 10\lg\frac{S_i}{S_t}$$

式中 $\overline{L}_{Pi}$——入射声平均声压级，dB；

$\overline{L}_{Pt}$——透射声频均声压级，dB；

K_i——入射声的背景噪声修正值，dB；

K_t——透射声背景修正值，dB；

S_i——消声器进口端管道通道截面面积，m^2；

S_t——消声器出口端管道通道截面面积，m^2。

由实测各频带传声损失，可计算出 A 计权传声损失 TL_A。

4.1.2.3 减噪量

消声器进口端面测得的平均声压级与出口端面测得的平均声压级之差称为减噪量。其关系式如下：

$$L_{NR} = \overline{L}_{P1} - \overline{L}_{P2}$$

式中 $\overline{L}_{P1}$——消声器进口端面平均声压级，dB；

$\overline{L}_{P2}$——消声器出口端面平均声压级，dB。

这种测量方法易受环境声反射、背景噪声、气象条件等的影响。

4.1.2.4 衰减量

消声器内部两点间的声压级的差值称为衰减量，主要用来描述消声器内声传播的特性，通常以消声器单位长度的衰减量（dB/m）来表征。

4.2 消声器

4.2.1 消声器的性能评价

消声器的性能主要从以下三个方面来评价。

4.2.1.1 消声性能

消声器的消声性能，即消声器的消声量的频谱特性。消声器的消声量通常用传声损失和插入损失来表示。现场测试时，也可以用排气口（或进气口）处两端声级来表示。消声器的频谱特性一般以倍频 1/3 频带的消声量来表示。

4.2.1.2　空气动力性能

消声器的空气动力性能是评价消声性能好坏的另一项重要指标，是指消声器对气流阻力的大小。也就是指安装消声器后输气是否通畅，对风量有无影响，风压有无变化。消声器的空气动力性能通常用阻力系数或阻力损失来表示。阻力系数是指消声器安装前后的全压差与全压之比，它能全面反映消声器的空气动力学性能，一个确定的消声器的阻力系数是一个定值。消声器的阻力损失是指气流通过消声器时，在消声器出口端的流体静压比进口端降低的数值。在气流通道上安装消声器，必然会影响空气动力设备的空气动力性能。如果只考虑消声器的消声性能而忽略了空气的动力性能，在某种情况下，消声器的安装可能会使设备的原有效能大大降低，甚至无法正常使用。

4.2.1.3　结构性能

消声器的结构性能是指它的外形尺寸、坚固程度、维护要求、使用寿命等，它也是评价消声器性能的一项指标。好的消声器除应有良好的声学性能和空气动力性能之外，还应该具有体积小、重量轻、结构简单、造型美观、加工方便、坚固耐用、使用寿命长、维护简单、造价便宜等特点。结构性能对消声性能和空气动力性能相同的消声器的使用具有十分重要的现实意义。

总之，不论是哪一类消声器，也不管其形式和结构如何，消声器应具备以下三个方面的基本要求：

（1）要求具有较高的消声量和较宽的消声频率范围，即在所需要的消声频率范围内有足够大的消声量。

（2）要求具有良好的空气动力性能，安装消声器增加的阻力损失要控制在实际允许的范围内。

（3）要求具有体积小、质量轻、结构简单、加工方便、造型美观、便于维修、造价便宜、经久耐用等特点。

4.2.2　阻性消声器

阻性消声器一般可分为管式、片式、蜂窝式、折板式、迷宫式和声流式等几种（见图 4—2）。

4.2.2.1　管式消声器

管式消声器是将吸声材料固定在管道内壁上形成的，有直管式和弯管式，其通道可以是圆形的，也可以是矩形（见图 4—3）的。它是最基本、最常用的消声器，它结构简单，气流直接通过，阻力损失小，适用流量小的管道及设备的进、排气口的消声。

4.2.2.2　片式消声器

气流流量较大的管或设备的进、排气口上，需要通道截面积大的消声器。为防止高频失效，通常将直管式阻性消声器的通道分成若干各小通道，设计成片式消声器，如图 4—2b 所示。它的消声量有：

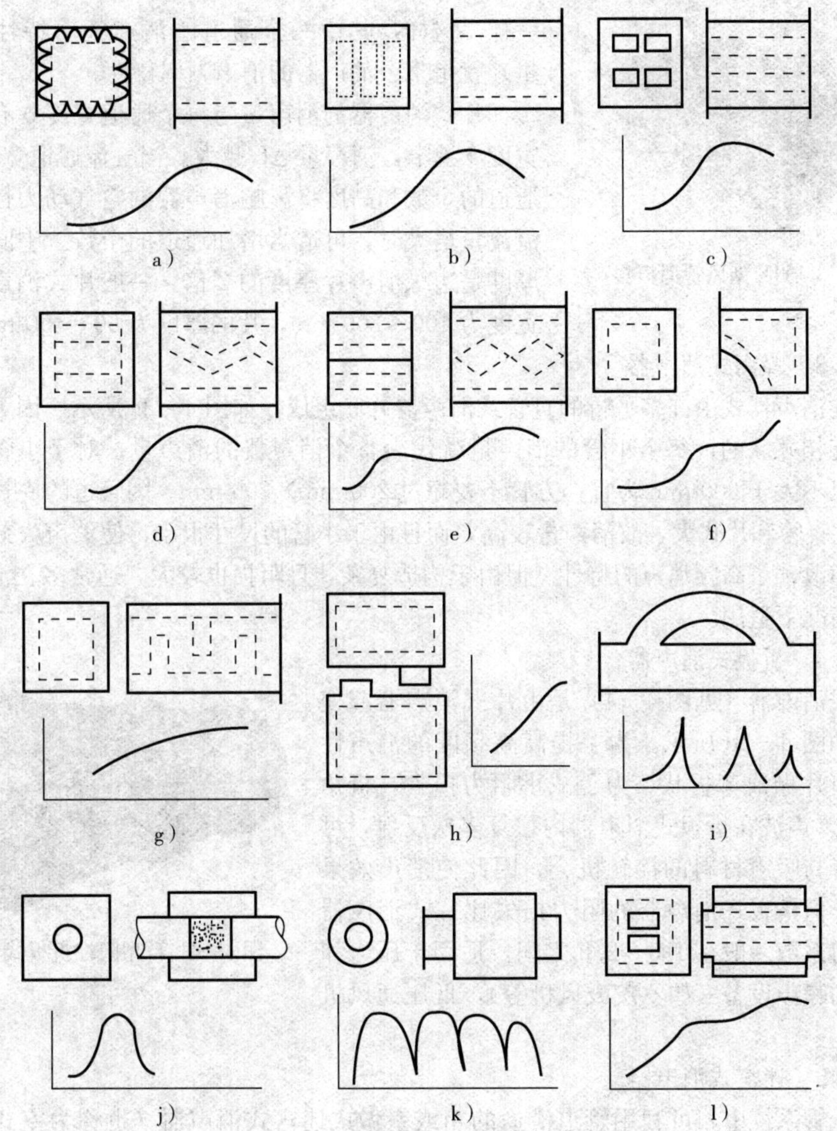

图 4—2 几种消声器及其频谱特征

a）管式 b）片式 c）蜂窝式 d）折板式 e）声流式 f）弯头

g）室式 h）消声箱 i）干涉型 j）共振式 k）扩张室式 l）阻抗复合式

$$\Delta L = L\frac{P}{S}\varphi(a_0) \approx \varphi(a_0)\frac{n \cdot 2hL}{nhb} = \varphi(a_0)\frac{2L}{b}$$

式中 h——气流通道高度，m；

n——气流通道的个数；

L——消声器的有效长度，m；

φ（a_0）——消声系数，dB；

b——气流通道的宽度，m。

一般设计片式消声器时，每个小通道的尺寸应该相同，使得每个通道的消声频率特性

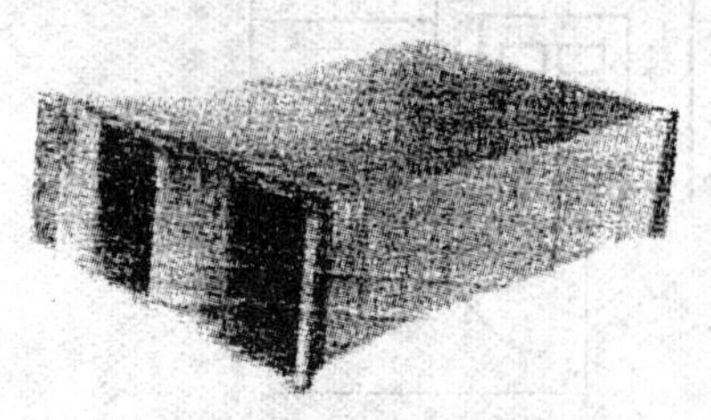

图 4—3 HX 型风管消声器

一样。这样，其中一个通道的消声频率特性（及消声量）就是整个消声器的消声频率特性。

片式消声器的消声量与每个通道宽度 b 有关，通道宽度 b 越窄，消声量 ΔL 越大。当气流通道宽度一定时，通道的个数和高度将影响消声器的空气动力性能。当气流流量增大时，可适当增加通道的个数。中间消声片的厚度是边缘消声片厚度的 2 倍。一般片式消声器，通道宽度为 100～200 mm，片的厚度为 60～150 mm。

4.2.2.3 蜂窝式消声器

蜂窝式消声器式由许多平行的直管式消声器并联组成，如图 4—2c 所示。因为每个小管消声器是互相并联的，每个小管的消声量就代表整个消声器的消声量。对于小管通道、圆管，直径以不大于 200 mm 为宜；方管不要超过 200 mm×200 mm。因管道的周长 L 与截面 S 之比值比直管和片式大，故消声量较高，而且由于小管的尺寸很小，使消声失效频率大大提高，从而改善了高频消声的特性。但由于构造复杂，且阻损也较大，通常多在流速低、风量较大的情况下适用。

4.2.2.4 折板式消声器

折板式消声器（见图 4—4）是由片式消声器演变而来的，如图 4—2d 所示。为了提高高频区的消声性能，把消声片做成弯折状。为了减小阻力损失，折角应小于 20°，声波在折板式消声器内往复多次反射，可以增加声音与吸声材料的接触机会，因此使消声效果得到提高。但折板式消声器的阻力损失比片式消声器的大，阻力系数一般在 1.5～2.5 之间，适用于压力和噪声较高的噪声设备（如罗茨鼓风机等），低压通风机则不适用。

图 4—4 D 型阻性折板式消声器

4.2.2.5 迷宫式消声器

在通风管系统中，可利用管道沿途的箱或室做成迷宫式消声器（也称为室式消声器），如图 4—2g 所示，在隔声罩或声室的顶部，可设计沿顶部的室式消声器（见图 4—5）。其消声量可由下式估算：

$$\Delta' L = 10\ \lg \frac{as}{S_e(1-a)} (\mathrm{dB})$$

式中 a——内衬吸声材料的吸声系数；

S——内衬吸声材料的表面积，m^2；

S_e——消声器进（出）门的截面积，m^2。

迷宫式（室式）消声器的气流速度不能过大，一般应控制在 5 m/s 以下，适用于自然通风情况，否则会产生强大的气流再生噪声，使消声器失效。另外，它的阻力损失也较大，可参见表 4—2。

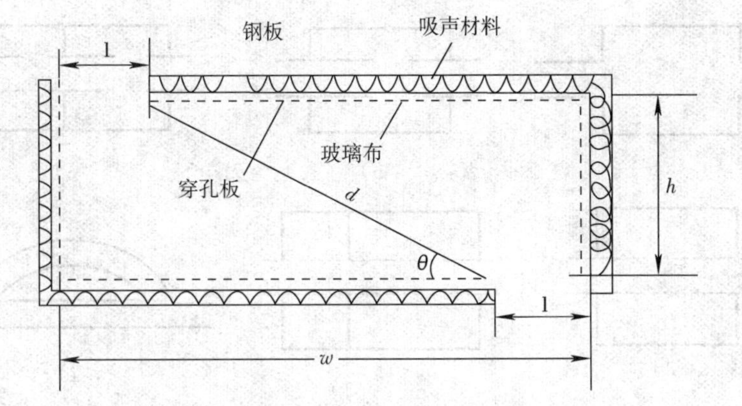

图 4—5 迷宫式（室式）消声器

表 4—2 几种阻性消声器的阻力损失比较

消声器类型	消声器长度/ mm	风速/（m/s)	阻力损失/Pa
片式	2 400	5.1	12
蜂窝式	2 400	5.0	18
声流式	2 400	5.0	20
折板式	2 400	5.0	24
迷宫式	1 800	5.1	110

4.2.2.6 声流式消声器

声流式消声器是由片式消声器和折板式消声器发展而成的，如图 4—2e 所示。这种消声器把吸声材料做成正弦波状或流线和菱形，这样不但使声波由于反射次数增加和对某些频率产生吻合效应，从而改善吸声性能，而且使气流能较为通畅地通过，从而可达到高消声、低阻损的要求。声流式消声器的阻力系数介于片式消声器和折板式消声器之间，适用于大断面的流通管道，对高频噪声有良好的消声作用。但它的缺点是加工复杂，造价较高。

4.2.3 抗性消声器

抗性消声器具有良好的中低频消声特性，能在高温、高速、脉动气流条件下工作。适用于消除汽车、拖拉机、空压机等进气口、排气口噪声。常见的抗性消声器有扩张式消声器、共振式消声器。此外，还有弯头、屏障等。穿孔片等组合而成的消声器等，如图 4—6 所示。

4.2.3.1 扩张室消声器

扩张式消声器也称为膨胀式消声器，是利用管道横断面的扩张和收缩引起的反射和干涉来进行消声的。

单节扩张室式消声器是由连管和扩张室组成的，如图 4—7 所示。它的消声量 ΔL（单位为 dB）为：

$$\Delta L = 10 \times \lg \frac{1}{4}\left[\left(1+\frac{m}{m^2}\right)^2 \cos^2 nl + \left(m+\frac{1}{m^2}\right)^2 \sin^2 kl\right] + 10 \lg\left(\frac{m_2}{m_1}\right)$$

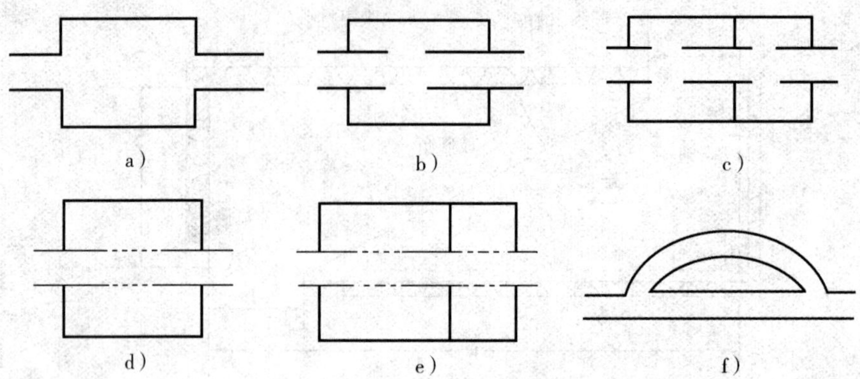

图 4—6 常见抗性消声器

a)外接扩张式 b)内插扩张式 c)两节扩张式

d)共振式 e)两节共振式 f)干涉式

式中 l——扩张室的长度,m;

m,m_1,m_2——扩张比,$m=S_2/S_1$,$m_1=S/S_1$,$m_2=S/S_2$;

k——波数,$k=\frac{2\pi f}{c}$。

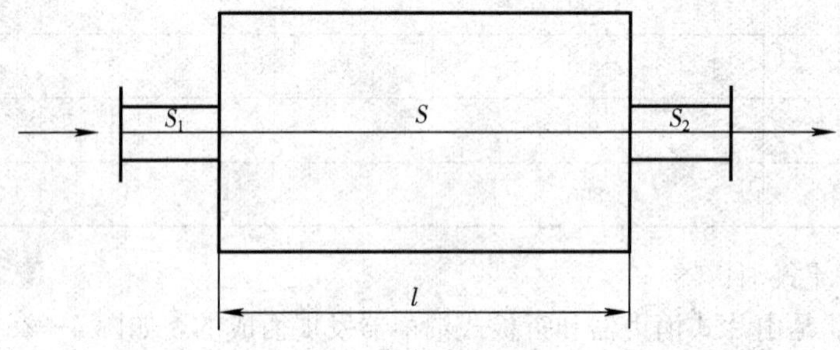

图 4—7 单节扩张室式消声器

通常把扩张式消声器的出口和入口管径设计为同样尺寸,即 $m=m_1=m_2$,此时上式就变成:

$$\Delta L = 10 \times \lg\left[1+\frac{1}{4}\left(m-\frac{1}{m}\right)^2 \sin^2 kl\right]$$

可以看出,消声量 ΔL 随 kl 作周期性变化。当 $\sin^2 kl=1$ 时,消声量最大。此时,$kl=(2n+1)\ \pi/2$ ($n=0$,1,2,…),由 $k=2\pi f/c$,可计算得最大消声量的频率 $f_{\max}$:

$$f_{\max} = (2n+1)\frac{c}{4l}(n=0,1,2,\cdots)$$

当 $\sin^2 kl=0$ 时,消声量也等于零,表明声波可以无衰减地通过消声器,这正是单节扩张室消声器的弱点。此时 $kl=2n\pi/2$ ($n=0$,1,2,…),由此可计算等消声量等于零的频率 $f_{\min}$:

$$f_{\min} = \frac{nc}{2l}(n=0,1,2,\cdots)$$

单节扩张室消声器的最大消声量为:

$$\Delta L_{max}=10\times\lg\left[1+\frac{1}{4}\left(m-\frac{1}{m}\right)^{2}\right]$$

当 $m>5$ 时，最大消声量可由下式近似计算。

$$\Delta L_{max}=20\times\lg m-6$$

因此，扩张式消声器的消声量是由扩张比 m 决定的。在实际工程中，一般取 $9<m<16$，最大不超过 20，最小不少于 5。

扩张室消声器的消声量随着扩张比 m 的增大而增加，但对某些频率的声波，当 m 增大到一定数值时，声波会从扩张室中央通过，类似阻性消声器的高频失效，致使消声量急剧下降。扩张室消声器的有效消声上限截止频率 $f_{上}$ 可用下式计算。

$$f_{上}=1.22\frac{c}{D}$$

式中 $f_{上}$——上限截止频率，Hz；

c——声速，m/s；

D——通道截面（扩张室部分）的当量直径，m。对圆形截面，D 为直径；对方形截面，D 为边长；对矩形截面，D 为截面积的平方根。

可知，扩张室截面越大，有效消声的上限频率 $f_{上}$ 就越小，其消声频率范围越窄。因此，扩张比不可选得太大，应使消声量与消声频率范围二者兼顾。

在低频范围内，当波长远大于扩张室的尺寸时，消声器不但不能消声，反而会对声音起到放大作用。扩张室消声器的下限截止频率可用下式计算。

$$f_{下}=\frac{\sqrt{2}c}{2\pi}\sqrt{\frac{S_1}{Vl}}$$

式中 $f_{下}$——下限截止频率，Hz；

c——声速，m/s；

S_1——连接管的截面积，m^2；

V——扩张室的容积，m^3；

l——扩张室的长度，m。

单节扩张室消声器存在许多消声量为零的通过频率，为克服这一弱点，通常采用如下两种方法：一是在扩张室内插入内接管，二是将多节扩张室串联。

将扩张室进出口的接管插入扩张室内，插入长度分别扩张室长度的 1/2 和 1/4。可分别消除 $\lambda/2$ 奇数倍和偶数倍对应的通过频率。如将二者综合，使整个消声器在理论上没有通过频率，如图 4—8 所示。

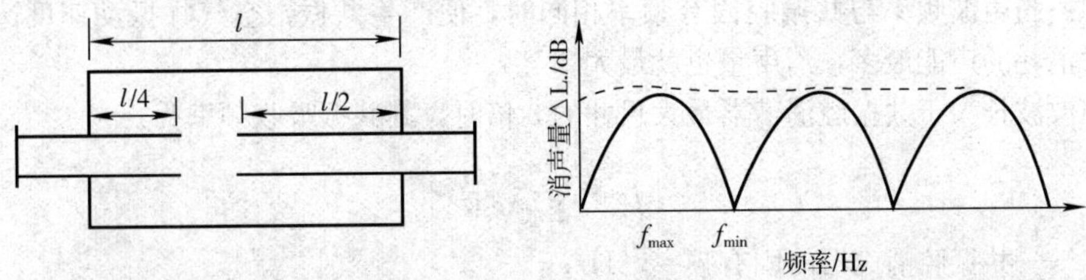

图 4—8 带插入管的扩张室及其消声特性

工程上为了进一步改善扩张室消声器的消声效果，通常将几节扩张室消声器串联起来，各节扩张室的长度不相等，使各自的通过频率相互错开。如此，既可提高总的消声量，又可改善消声频率特性。

长度不等的多节扩张室消声器串联如图 4—9 所示。由于扩张室消声器通道截面急剧变化，局部阻力损失较大。用穿孔率大于 30%的穿孔管将内接插入管连接起来，如图 4—10 所示，可改善消声器的空气动力性能，而对消声性能影响不大。

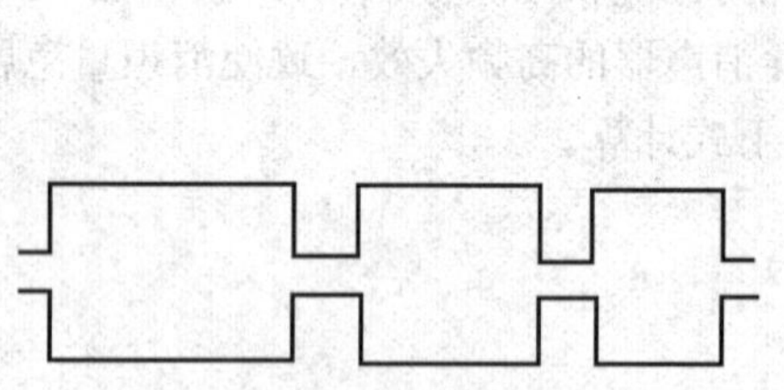

图 4—9　长度不等的多节扩张室串联

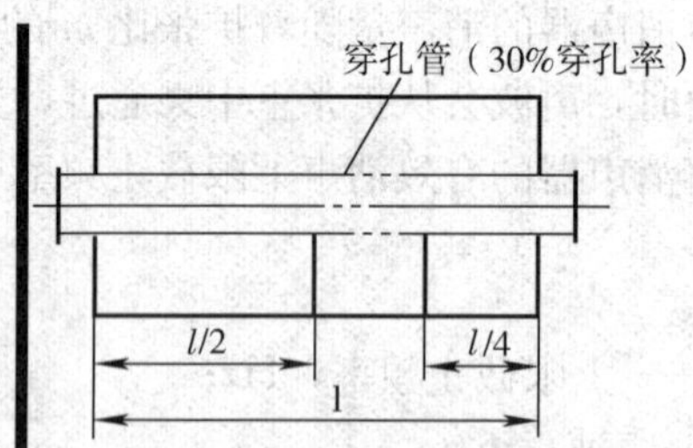

图 4—10　内接穿孔管的扩张消声器

4.2.3.2　共振腔消声器

从本质上看，共振腔消声器也是一种抗性消声器。它是在气流通道的管壁上开有若干个小孔，与管外一个密闭的空腔组成，有同轴型和旁支型，如图 4—11 所示。

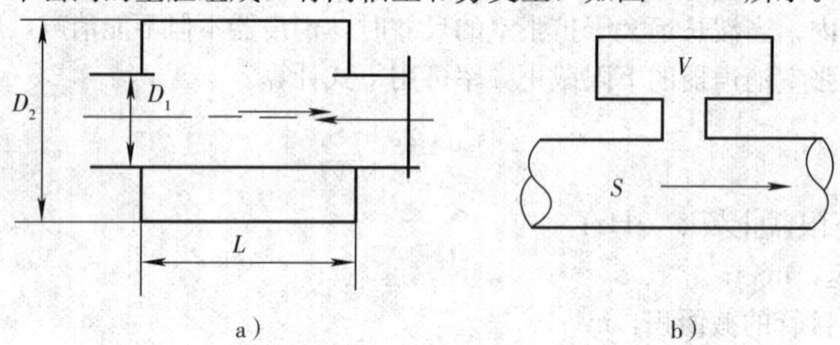

图 4—11　共振腔消声器

a）同轴型　b）旁支型

共振腔消声器实质上是共振吸声结构的一种应用，其基本原理基于赫姆霍兹共振器。管壁小孔中的空气柱类似活塞，具有一定的声质量，密闭空腔类似于空气弹簧，具有一定的声顺，两者组成一个共振系统。当声波传至颈口时，在声压作用下空气柱产生振动，振动时的摩擦阻尼使一部分声能转换为热能耗散掉。同时，由于声阻抗的突然变化，一部分声能将反射回声源。当声波频率与共振腔固有频率相同时，便产生共振，空气柱振动速度达到最大值，此时消耗的声能最多，消声量也就最大。

当声波波长大于共振腔消声器最大尺寸的 3 倍时，其共振吸收频率为：

$$f_0=\frac{c}{2\pi}\sqrt{\frac{G}{V}}$$

式中　f_0——共振腔消声器的固有频率，Hz；

c——声速，m/s；

V——空腔体积，m^3；

G——传导率，有长度的量纲。其值为：

$$G=\frac{S_0}{t+0.8d}=\frac{\pi d^2}{4(t+0.8d)}$$

式中 S_0——孔径截面积，m^2；

d——小孔直径，m；

t——穿孔板厚度，m。

工程上应用的共振腔消声器由多个孔组成。此时各孔之间要有足够的距离，当孔心距为小孔径的 5 倍以上时，各孔间的声辐射可互不干涉，此时总的传导率等于各个孔的传导率之后，即 $G_{总}=nG$（n 为孔数）。

如果忽略共振腔声阻的影响，单腔共振消声器对频率为 f 的声波的消声量为：

$$L_R=10\times\lg\left[1+\frac{k^2}{(f/f_r-f_r/f)^2}\right]$$

$$k=\frac{\sqrt{GV}}{2s}$$

式中 S——气流通道的截面积，m^2；

V——空腔体积，m^3；

G——传导率；

k——与共振消声器消声性能有关的无量纲常数。

上式是共振腔消声器单频消声量计算公式。实际工程中通常需要计算某一频带的消声量，最常用的是倍频程和 1/3 倍频程。

对倍频带消声量：

$$\Delta L=10\times\lg(1+2k^2)(\text{dB})$$

对 1/3 倍频带消声量：

$$\Delta L=10\times\lg(1+20k^2)(\text{dB})$$

为便于计算，不同频带下的消声量与 k 值的关系列于表 4—3。

表 4—3　不同频带下的消声量 ΔL 与 k 值的关系

k 值	0.2	0.4	0.6	0.8	1.0	1.5	2	3	4	5	6	8	10	15
倍频带下的消声量/dB	1.1	1.2	2.4	3.6	4.8	7.5	9.5	12.8	15.2	17	18.6	20	23	27
1/3 倍频带下的消声量/dB	2.5	6.2	9.0	11.2	13.0	16.4	19	22.6	25.1	27	28.5	31	33	36.5

由此可看出，这种消声器具有明确的选择性。即当外来声波频率与共振器的固有频率相一致时，共振器就产生共振。共振器组成的声振系统的作用最显著，使沿通道继续传播的声波衰减得最厉害。因此，共振腔消声器在共振频率及其附近有最大的消声量。当偏离共振频率时，消声量将迅速下降。也就是说，共振腔消声器只在一个狭窄的频率范围内才有较佳的消声性能。图 4—12 给出的是不同情况下共振腔消声器的消声特性曲线。从曲线可以看出，共振腔消声器的选择性很强。当 $f=f_0$ 时，系统发生共振，总的消声量将变得很大，在偏离时，迅速下降。k 值越小，曲线越曲折。因此，k 值是共振腔消声器设计中的重要参量。

共振腔消声器的优点是特别适宜于低中频成分突出的噪声，且消声量比较大。缺点是消声频带范围窄，对此可采用以下方法改进：

（1）选定较大的 k 值。由图 4—12 可以看出，在偏离共振频率时，消声量的大小与 k 值有关，k 值大，消声量也大。因此，欲使消声器在较宽的频率范围内获得明显的消声效果，必须使 k 值设计得足够大。

（2）增加声阻。在共振腔中填充一些吸声材料，或在孔径出衬贴薄而透声的材料，都可以增加声阻，使有效消声的频率范围展宽。这样处理尽管会使共振频率处的消声量有所下降，但由于偏离共振频率后的消声量下降缓慢，从整体看还是有利的。

（3）多节共振腔串联。把具有不同共振频率的几节共振腔消声器串联，互相错开，可以有效地展宽消声频率范围。

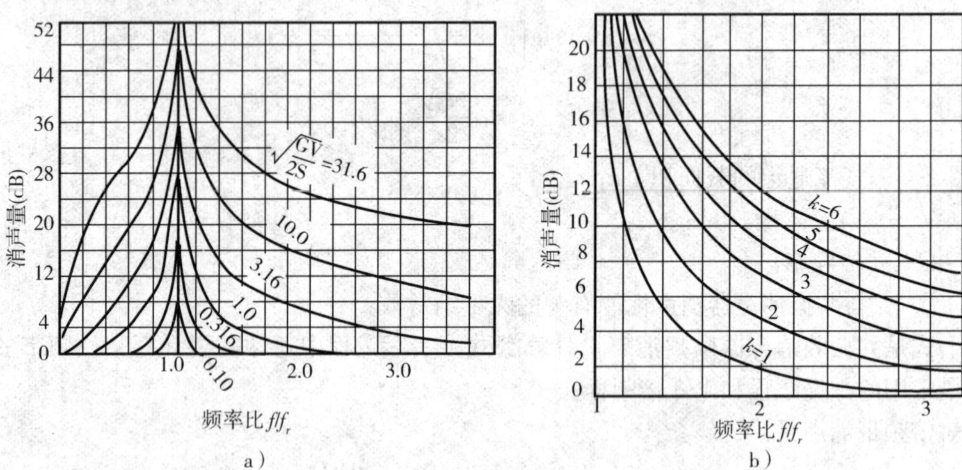

图 4—12　共振腔消声器的消声特性

4.2.4　阻抗复合式消声器

4.2.4.1　阻性—扩张室复合消声器

消声器的阻性部分设在扩张室的插管上，而未单独设计阻性段，主要用于消除风机等设备的高频噪声，消声效果约为 20 dB（见图 4—13）。阻性部分由两节和多节不同长度的扩张室串联组成，主要用于消除低中频噪声，一般有 10～20 dB 的效果。阻性和扩张室复合在一起，可在低、中、高频范围内获得良好的消声效果，一般用在风机进出气口上。

图 4—13　阻抗复合消声器

4.2.4.2　阻性—共振腔复合消声器

图 4—14 是 LG25/16—40/7 型螺杆压缩机上的消声器。由图可见，它是阻性—共振腔复合消声器。总长 120 cm，外径 64 cm。

该消声器的阻性部分是以泡沫塑料为吸声材料，粘贴在消声器通道的周壁上，用以消除压缩机噪声的中高频成分；共振腔部分设置在通道中间，由具有不同消声频率的三对共振腔串联组成，以消除 350 Hz 以下的低频成分。在共振腔前后两端各有一个吸声尖劈（由泡沫

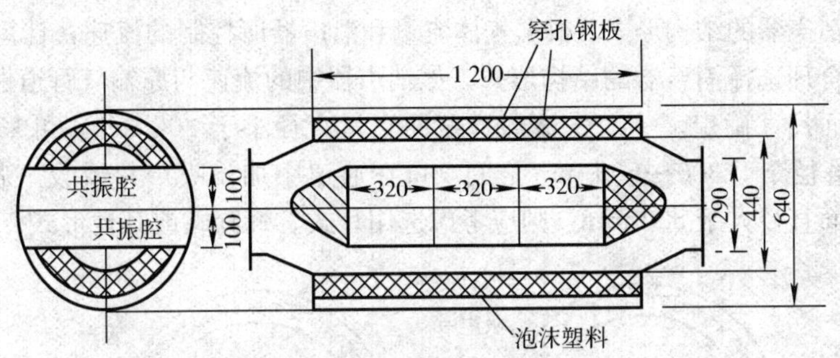

图 4—14 阻性—共振腔复合消声器（单位：mm）

塑料组成），既用以改善消声器的空气动力性能，又利用尖劈加强对高频声的吸收作用，进一步提高消声器的消声效果。图 4—15 是安装在螺杆压缩机上，用插入损失法测得的消声性能。消声值为 27 dB，在低、中、高频的宽频范围内均有良好的消声性能。

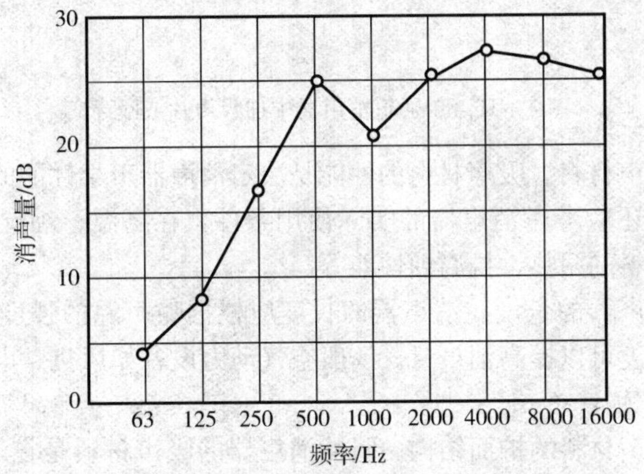

图 4—15 阻性—共振腔复合消声器的消声效果

4.2.4.3 阻性—共振腔—扩张室复合消声器

此消声器的阻性部分以多孔材料作吸声体，粘贴在消声器通道周壁上，阻性部分由共振腔和扩张室组成，它根据阻性与抗性两种不同的消声原理，结合具体的噪声源特点和现场情况，通过不同的方式恰当地进行组合，把抗性和阻性的特点集于一体，广泛应用于消除高声强宽频带噪声和高、中、低频噪声。

4.3 消声技术应用

4.3.1 阻性消声器的设计及应用

4.3.1.1 阻性消声器的设计步骤

（1）确定消声量。应根据有关的环境保护和劳动保护标准，适当考虑设备的具体条件，合理确定实际所需的消声量。对于各频带所需的消声量，可参照相应的 NR 曲线来确定。

（2）选择消声器的结构形式。根据气体流量和消声器所控制的流速，计算所需的通流截面，并由此来合理选择消声器的结构形式。如消声器中的流速与原输气管道保持相同，则可按输气管道截面尺寸确定。一般气流通道截面当量直径小于 300 mm，可采用单通道直管式；通道截面直径介于 300～500 mm 之间，可在通道中加设吸声片或吸声芯，如图 4—16 所示。通道截面直径大于 500 mm，则应考虑选用片式、蜂窝式或其他形式。

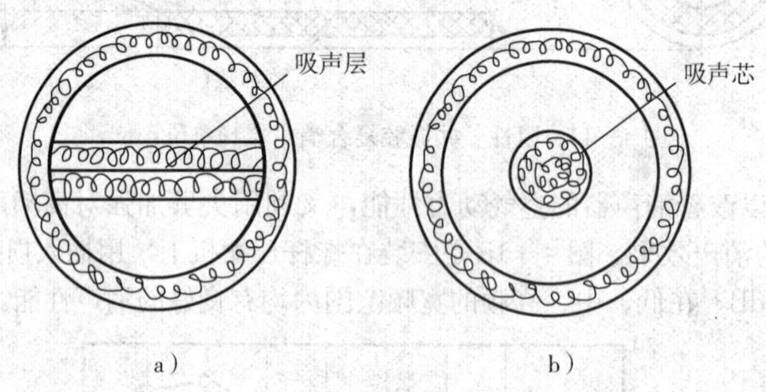

图 4—16　单通道消声器中加吸声片或吸声芯

（3）合理选用吸声材料。吸声材料的性能是决定消声器声学性能的重要因素。除了考虑材料的吸声性能外，还应考虑消声器的实际使用条件，在高温、潮湿、有腐蚀等特殊环境中，则应考虑吸声材料的耐热、抗腐蚀性能等。

（4）合理确定消声器的长度。消声器的长度应根据噪声源的强度和现场降噪要求来决定。增加消声器的长度可以提高消声量。一般空气动力设备如风机、电机等的消声器长度为 1～3 m，特殊情况下为 4～6 m。

（5）合理选择吸声材料的护面结构。阻性消声器的吸声材料是在气流中工作的，所以，吸声材料必须用牢固的护面结构固定。通常采用的护面结构有玻璃布、穿孔板或铁丝网等。如护面结构不合理，吸声材料会被气流吹跑或者使护面结构产生振动，导致消声器性能下降。护面结构的形式主要由消声器通道内的气流速度来确定。

（6）验算消声效果。根据高频失效和气流再生噪声的影响，验算消声效果。若设备对消声器的压力损失有一定的要求，应计算压力损失是否在允许范围内。

4.3.1.2　阻性消声器设计实例

某厂 LGA－60/500 型鼓风机，风量为 60 m^3/min，风机进气管口直径为 Φ250 mm，在进口 1.5 m 处测得噪声频谱（见表 4—4）。试设计一个阻性消声器，以消除进风口的噪声。

表 4—4　　LGA－60/500 型鼓风机进气管消声器设计一览表

序号	项目	63 Hz	125 Hz	250 Hz	500 Hz	1 000 Hz	2 000 Hz	4 000 Hz	8 000 Hz	A 声级
1	倍频程声压级/dB	108	112	110	116	108	106	100	92	117
2	噪声评价数 NR－85	103	97	92	87	84	82	81	79	90
3	消声器应具有的消声量/dB	5	15	18	29	24	24	19	13	27

续表

序号	项目	63 Hz	125 Hz	250 Hz	500 Hz	1 000 Hz	2 000 Hz	4 000 Hz	8 000 Hz	A 声级
4	消声器周长与截面积之比 P/S	16	16	16	16	16	16	16	16	
5	所选材料吸声系数 α_0	0.30	0.50	0.80	0.85	0.85	0.86	0.80	0.78	
6	消声系数 ψ (α_0)	0.4	0.7	1.2	1.3	1.3	1.3	1.2	1.1	
7	消声器所需长度/m	0.78	1.34	0.93	1.39	1.15	1.15	0.98	0.74	
8	气流再生噪声 L_A									83

解：①确定所需要的消声量。根据该风机进气口测得的噪声频谱，安装消声器后，在进气口 1.5 m 处，噪声应控制在噪声评价数 NR－85 以内，两者之差即为所需的消声量。

②确定消声器的形式。根据该风机的风量和管径，可选用单通道直管式阻性消声器。消声器截面周长与截面积之比取 16。

③选择吸声材料和设计吸声层。根据使用环境，吸声材料可选用超细玻璃棉。吸声层厚度取 150 mm，填充密度为 20 kg/m³。根据气流速度，吸声层护面采用一层玻璃布加一层穿孔板，板厚 2 mm，孔径 6 mm，孔间距 11 mm。该结构的吸声系数见表 4—4。并由吸声系数查表 4—3 的消声系数。

④计算消声器的长度。由公式可计算各倍频带所需消声器的长度，如 125 Hz 处：

$$L_{125}=\frac{\Delta L}{\psi(\alpha_0)}\times\frac{S}{P}=\frac{15}{0.7}\times\frac{1}{16}=1.34(\mathrm{m})$$

为满足各倍频带消声量的要求，消声器设计长度取最大值 1.4 m。

根据上述分析与计算，消声器的设计方案如图 4—17 所示。

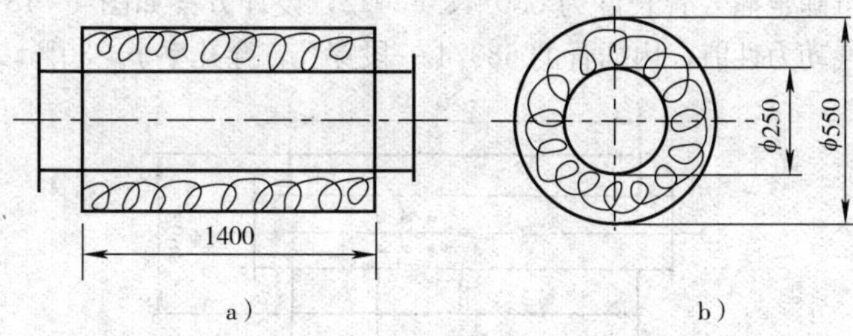

图 4—17　消声器的设计方案

⑤验算高频失效的影响。计算高频失效频率：

$$f_{失}=1.85\frac{c}{D}=1.85\times\frac{340}{0.25}=2\,516(\mathrm{Hz})$$

在中心频率 4 kHz 的倍频带内，消声器随高于 2 516 Hz 的频率段，消声量将降低。所设计 1.4 m 长的消声器在 8 kHz 处的消声量为 24.6 dB，考虑高频失效，按式计算，在 8 kHz倍频带内的消声量为：

$$\Delta L'=\frac{3-n}{3}\Delta L=\frac{3-1}{3}\times24.6=16.4\ \mathrm{dB}$$

而 8 kHz 处所需消声量为 13 dB，即考虑高频失效的影响，所设计的消声器仍满足消声量的要求。

4.3.2 扩张室性消声器的设计及应用

4.3.2.1 扩张室消声器的设计步骤

（1）根据所需要的消声频率特性，合理分布最大消声频率，即合理设计各节扩张室的长度及其插入管的长度。

（2）根据所需要的消声量，尽可能选取较小的扩张比，设计扩张室各部分截面尺寸。

（3）验算所设计的扩张室消声器的上、下限截止频率是否在所需要消声的频率范围之外。如不符合，则应重新设计方案。

4.3.2.2 扩张室消声器的设计实例

某柴油机进气口管径为ϕ200 mm，进气口噪声在 125 Hz 有一峰值。试设计一扩张室消声器装在进气口上，要求在 125 Hz 时有 15 dB 的消声量。

解：①确定扩张室消声器的长度。

主要消声频率分布在 125 Hz，根据计算公式，当 $n=0$ 时，有：

$$l=\frac{c}{4f_{\max}}=\frac{340}{4\times125}=0.68(\mathrm{m})$$

②确定扩张比及扩张室的直径。

根据要求的消声量，由 $\Delta L=20\lg m-6$ 可近似求得 $m=12$，已知进气管径为 Φ200 mm，相应的截面积 $S_1=\pi d_1^2/4=0.0314$（m²）。

扩张室的截面积 $S_2=m\cdot S_1=12\times0.0314=0.377(\mathrm{m}^2)$

扩张室直径 $D=\sqrt{\frac{4S_2}{\pi}}=\sqrt{\frac{4\times0.377}{\pi}}=0.693(\mathrm{m})=693(\mathrm{mm})$

由技术结果可确定插入管长度为 680/4、680/2，设计方案如图 4—18 所示。为减少阻力损失，改善空气动力性能，内插管的 680/4 一段穿孔，穿孔率 $p>30\%$。

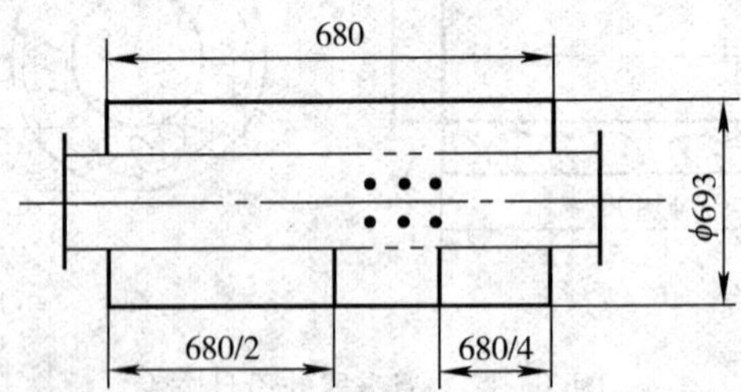

图 4—18 扩张室消声器的设计方案

③验算截止频率。由公式计算上限截止频率。

$$f_{上}=1.22\frac{c}{D}=1.22\times\frac{340}{0.693}=598.6(\mathrm{Hz})$$

由公式计算下限截止频率。

$$f_{下}=\frac{\sqrt{2}c}{2\pi}\sqrt{\frac{S_1}{Vl}}=\frac{\sqrt{2}c}{2\pi}\sqrt{\frac{S_1}{(S_2-S_1)l^2}}=\frac{\sqrt{2}\times340}{2\pi}\sqrt{\frac{0.0314}{(0.3768-0.0314)\times0.68^2}}\approx34(\mathrm{Hz})$$

所需消声的峰值频率 125 Hz 介于截止频率 $f_{上}$与 $f_{下}$之间，因此，该设计方案符合要求。

4.3.3 共振腔消声器的设计与应用

4.3.3.1 共振腔消声器的设计步骤

（1）根据降噪要求，确定共振频率及频带所需的消声量。

（2）k 值确定后，求出 V 和 G。

$$k=\frac{2\pi f_0}{c}\times\frac{V}{2s}$$

所以，共振腔消声器的空腔容积为：

$$V=\frac{c}{2\pi f_0}\times 2KS$$

消声器的传导率为：

$$G=\left(\frac{2\pi f_0}{c}\right)^2 V(\mathrm{m})$$

气流通道截面 S 是由管道中气体流量和气流速度决定的。在条件允许的情况下，应尽可能缩小通道的截面积。一般通道截面直径不应超过 Φ250 mm，且竖直高度小于共振波长的 1/3。

（3）设计共振腔消声器的具体结构尺寸。对某一确定的空腔体积 V，可有多种共振腔形状和尺寸；对某一确定的传导率 G，也可有多种孔径、板厚和穿孔数的组合。在实际应用中，通常根据现场条件，首先确定一些量，如板厚、孔径、腔深等，然后再设计其他参数。

（4）为了使共振腔消声器取得应有的效果，设计时应注意以下几点。

1）共振腔消声器的长、宽、高（或腔深）都应小于共振频率 f_0 时波长 λ_0 的 1/3。

2）穿孔位置应集中在共振腔消声器的中部，穿孔范围应小于 $\lambda_0/2$；穿孔也不可过密，孔心距应大于孔径的 5 倍。若不能同时满足上述要求，可将空腔分割成几段来分布穿孔位置。

3）共振腔消声器也存在高频失效问题，其上限截止频率仍可近似计算。

4.3.3.2 共振腔消声器的设计实例

在管径为 ϕ100 mm 的气流通道上设计一共振腔消声器，使其在 125 Hz 的倍频带上有 15 dB 的消声量。

解：①确定 k 值

根据公式，$\Delta L=10\times\lg(1+2K^2)=15$，得 $K=3.913\approx 4$

②确定空腔容积 V，并求出 G

$$V=\frac{c}{2\pi f_0}\times 2kS=\frac{340}{2\pi\times 125}\times 2\times 4\times\frac{\pi}{4}\times 0.1^2=0.027(\mathrm{m}^3)=27\ 000(\mathrm{cm}^3)$$

$$G=\left(\frac{2\pi f_0}{c}\right)^2 V=\left(\frac{2\pi\times 125}{34\ 000}\right)^2\times 27\ 000=14.4(\mathrm{cm})$$

③确定消声器的具体结构尺寸

设计一个与原管道同心的同轴式共振腔消声器，其内径为 Φ100 mm，外径为 Φ400 mm，则所需共振腔长度为：

$$l=\frac{V}{\frac{\pi}{4}(d_2-d_1)^2}=\frac{27\ 000\times 4}{\pi(40-10)^2}=38(\mathrm{cm})$$

选用管壁厚度 $t=2$ mm，孔径为 $\Phi5$ mm，根据公式，可求得所开孔数：

$$n=\frac{4G(t+0.8d)}{\pi d^2}=\frac{4\times 14.4\times(0.2+0.8\times 0.5)}{\pi\times 0.5^2}=44(\text{个})$$

由上述计算结果可设计如图 4—19 所示的共振腔消声器。其长度为 380 mm，外腔直径为 400 mm，腔内径为 100 mm，在气流通道的共振腔中部均匀排列 44 个孔径为 $\Phi5$ mm 的孔。

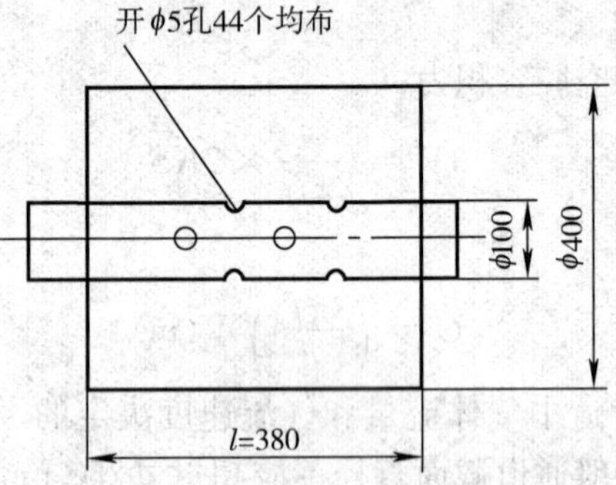

图 4—19 所设计的共振腔消声器

④验算共振腔消声器的有关声学特性

$$f_0=\frac{c}{2\pi}\sqrt{\frac{G}{V}}=\frac{34\ 000}{2\pi}\sqrt{\frac{14.4}{27\ 000}}=125(\text{Hz})$$

$$f_{\text{上}}=1.22\times\frac{c}{D}=1.22\times\frac{34\ 000}{40}=1\ 037(\text{Hz})$$

中心频率为 125 Hz 的倍频带包括 90～180 Hz，在 1 037 Hz 以下，即在所需消声的频率范围内，不会出现高频失效问题。

共振频率的波长：

$$\lambda_0=\frac{c}{f_0=\frac{34\ 000}{125}}=272(\text{cm})$$

$$\frac{\lambda_0}{3}=\frac{272}{3}\approx 91(\text{cm})$$

所设计的共振腔消声器各部分尺寸（长、宽、腔深）都小于共振频率波长 λ_0 的 1/3，符合设计要求。

技能训练三　消声器的选用与安装

一、消声器的选用

选用消声器是安装前的一个重要环节，在具体实施时，一般应考虑噪声源特性、噪声标准、消声量计算、选型与适配和综合治理五方面的因素。

1. 噪声源特性分析。在具体选用消声器时，必须首先弄清楚需要控制的是什么性质的噪声源，是机械噪声、电磁噪声，还是空气动力性噪声。消声器只适用于降低空气动力性噪声，对其他噪声源是不适用的。空气动力性质不同，可分为低压、中压和高压；按其流速不同，可分为低速、中速和高速；按其输送气体性质的不同，可分为空气、蒸汽和有害气体等。应按不同性质、不同类型的噪声源，有针对性地选用不同类型的消声器。噪声源的声级高低及频谱特性各不同，消声器的消声性能也各不相同，在选用消声器前应对噪声源进行测量和分析。一般测量 A 声级、C 声级、倍频程或 1/3 倍频程频谱特性。根据噪声源的频谱特性和消声器的消声特性，使两者相对应，噪声源的峰值频率应与消声器最理想、消声量最高的频段相对应。这样，安装消声器后，才能得到满意的消声效果。另外，对噪声源的安装使用情况、周围的环境条件、有无可能安装消声器、消声器安装在什么位置等，事先应有考虑，以便正确、合理地选用消声器。

2. 噪声标准确定。在具体选用消声器时，必须弄清楚安装所选用的消声器后，能满足何种噪声标准的要求。因此，设计消声器时，必须参照有关国家的标准。

3. 消声量计算。按噪声源测量结果和噪声允许标准的要求来计算消声器的消声量。消声器消声量过高过低都不恰当。过高，可能达不到，或提高成本，或影响其他性能参数；过低，则达不到要求。例如，噪声源 A 声级为 100 dB，噪声允许标准 A 声级为 85 dB，则消声量至少为 15 dB（A），消声器的消声量一般指 A 声级消声量或频带消声量。计算消声量时要考虑以下因素的影响：①背景噪声的影响，有些待安装消声器的噪声源，使用环境条件较差，背景噪声很高或有多种声源干扰，这时，对消声器质量的要求不一定太苛刻，噪声源消声器的噪声略低于背景噪声即可；②自然衰减量的影响，声波随距离的增加而衰减。

4. 选型与适配。正确选型是保证获得良好消声效果的关键。如前所述，应按噪声源性质、频谱环境的不同，选择不同类型的消声器。例如，对于风机类噪声，一般可选用阻性或阻抗复合消声器；对于空压机、柴油机等，可选用抗性或以抗性为主的复合型消声器；对于锅炉蒸汽的室温、高压、高速排气放空，可选用新型节流减压及小孔喷注消声器；对于风量特别大或通道面积很大的噪声源，可以设置消声房、消声器坑、消声塔或以特制消声元件组成的消声器。

5. 综合治理、全面考虑。安装消声器是降低空气动力性噪声最有效的方法。消声器只能降低空气动力设备进排气口或沿管道传播的噪声，而对该设备的机壳、管壁等辐射的噪声无能为力。因此，选用和安装消声器时，应全面考虑噪声源的分布传播途径、污染程度以及降噪要求等。采取隔声、隔振、吸声、阻尼等综合治理措施，才能获得较理想的效果。

二、消声器的安装

在风机管路系统中，消声器安装使用部位对实际取得的效果关系甚大。安装部位适当，则效果能达到设计要求的消声量；若安装部位不妥当，实际使用效果不但达不到设计要求，有时甚至完全没有效果。因此，一定要根据消声器安装结构示意图所标明的位置，安装与风机适配的消声器。在安装消声器时，应注意以下几点：

1. 明确风机噪声源的部位。风机噪声源的部位按其强度大小，依次为排气口辐射的噪声、进气口辐射的噪声、机壳和管道表面辐射的噪声、点击噪声。消声器仅对进、排气噪声有明显的效果。

2. 选定在室内或室外安装消声器。若进气口或出气口离风机机壳和电机较近，为了消除其噪声的影响，充分显示出消声器的效果，消声器应安装在室外，若进气口或出气口离风机机壳和电机都很远，也可以将消声器安装在室内。

3. 消声器在室外时，消声量可达到 20 dB（A）以上；消声器在室内时，若进气口消声器或出气口消声器安装的位置紧靠风机机壳时，其最好的效果是可降到电机和机壳的噪声水平，即可降低 10～15 dB（A）。

4. 在安装消声器时，消声器到风机进口或出口的距离至少要大于管道直径的 3～4 倍以上。为减少机壳振动对消声性能的影响，对于通风机，应尽量使用软连接。当所选用的消声器接口形状尺寸与内机接口不同时，可考虑在消声器前后加接变径管。在设计时，一般变径管的当量扩张角不得大于 20°。

5. 消声设备的机壳或管道辐射的噪声有可能传入消声器后端，致使消声效果下降，因此，必要时可在消声器外壳或部分管道上做隔声处理。例如，消声器连接盘和风机管道连接盘连接处应加弹性垫并注意密闭，以免漏声、漏气或刚性连接引起固体传声。在通风空调系统中，消声器应尽量安装于靠近使用房间的地方，排气消声器应尽量安装在气流平稳的管段。

6. 为了提高消声效果，防止管道壁的辐射噪声，风管上应涂刷沥青并贴上一层牛毛沥青纸，再捆上石棉绳，然后箍上钢网，最后用石灰粉刷或者捆扎 50～100 mm 厚的矿渣棉、玻璃棉等吸声材料。

7. 消声器露天使用时应加防雨罩，作为进气消声使用时应加防尘罩，含粉尘的场合应加滤清器。一般的通风消声器，通过它的气体含尘量应低于 150 mg/m³，不允许含水雾、油雾或腐蚀性气体通过，气体温度不应大于 150℃，在寒冷地区使用时，应防止消声器孔板表面结冰。因此，在通风气流管道中含有较多的水或尘时，不宜采用阻性消声器。

8. 进排气消声器，对于通风机可互换使用，对鼓风机和压缩机千万不可互换使用。

9. 消声器要定时进行检修，以保证消声器的效果。消声器安装示意图如图 4—20～图 4—23 所示。

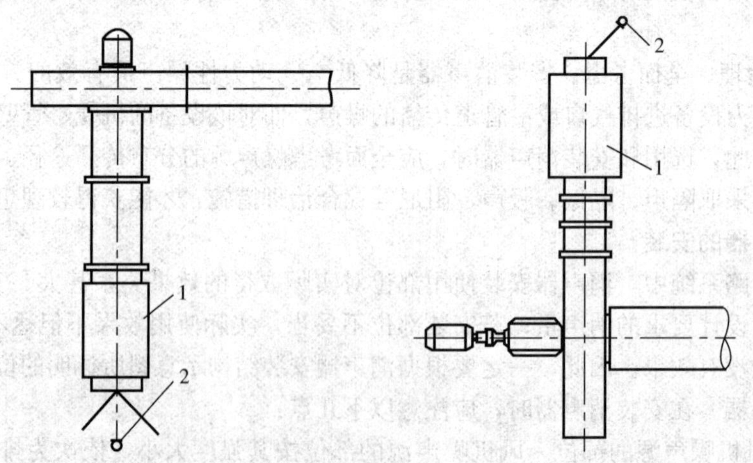

图 4—20　消声器安装在进气口管道上（室内、室外均可）
1—消声器　2—测点

4—21　消声器安装在排气口管道上（室内、室外均可）
1—消声器　2—测点

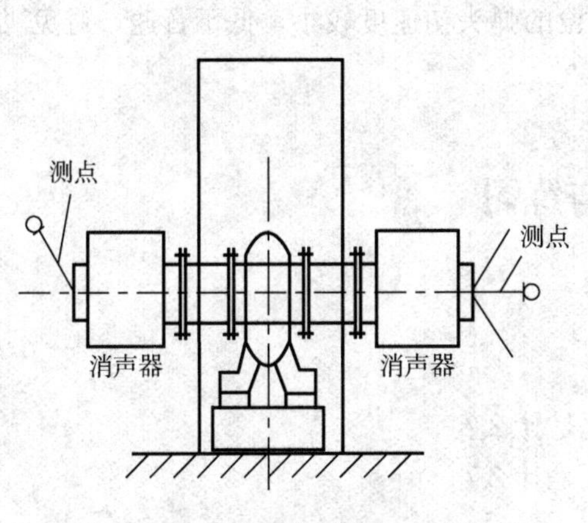

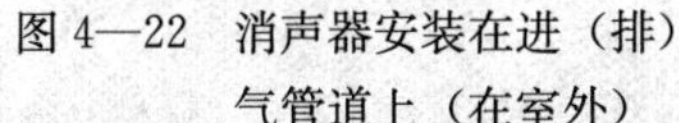
图 4—22 消声器安装在进（排）气管道上（在室外）

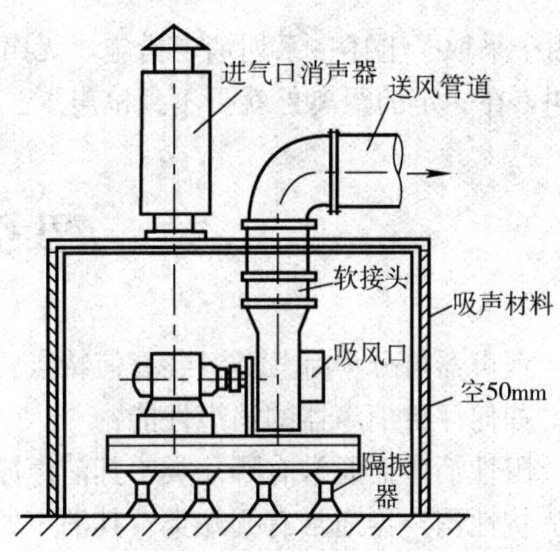

图 4—23 噪声综合治理安装示意图

10. 对于风机消声器片间平均流速，通常可选为等于风机管道流速。用于民用建筑，消声器片间平均流速常取 3～12 m/s；用于工业方面，消声器片间平均流速可取 12～25 m/s，最大不得超过 30 m/s。流速不同，消声器护面可用布或金属丝网；当平行流速为 10～23 m/s 时，可采用金属穿孔板护面；当平行流速为 23～45 m/s 时，可采用金属穿孔板和玻璃丝布护面；当平行流速为 45～120 m/s，应采用双层金属穿孔板和钢丝棉护面，穿孔率应大于 20%。

阅读材料四 为什么无声手枪的声音很小

无声手枪又叫微声手枪。它在射击时并不是一点声音也没有，只不过声音很小。如果用无声手枪在室内射击，室外听不到声音；在室外射击，室内听不到声音。在一定距离上，白天和夜晚都看不到枪口有火焰喷出。

无声手枪的奥妙是在于枪管外面有一个附加的套筒，叫做消声筒。消声筒前半部分长出枪口，其结构有多种。有的是由十几个消音碗连接而成，消音碗好似无底的小碗装在消音筒内，当高压气体从枪口喷出，遇到第一个消音碗，气流便在这里膨胀一次，消耗一部分能量。经过若干次膨胀后，高压气体到达消音筒的出口时，其压力、速度和密度已降到和外界空气差不多了。有的是在筒内装有卷紧的消音丝网，枪口喷出的高压气体进入消音丝网，大部分能量就会被其消耗掉。有的将筒的前端用橡皮密封，弹头由枪口射出，穿过橡皮，橡皮很快收缩，阻止了气体外流。有的是在消音筒的出口处安装像照相机快门一样的机械装置，靠火药气体作用自动打开，将子弹放跑后迅速关闭。还有的在消声筒后半部套住的枪管上，开有一些细小的排气孔，放出枪膛内的一部分火药气体，减少枪口处气体压力。此外，无声手枪的子弹也与众不同。它采用速燃火药，子弹发火后燃烧速度很快，从而使枪口处的火药气体相对微弱了。

由于采取了上述一系列消声措施，无声手枪的弹头初速度较小，低于音速，避免飞行时的啸叫，在一定的距离外就听不到枪声了。

思考与练习

1. 消声器可分为哪几类？各有何特点？
2. 如何评价消声器的消声性能？
3. 阻性消声器通常有哪几类？其消声原理是什么？
4. 抗性消声器通常有哪几类？其消声原理是什么？
5. 消声器的选用应考虑哪些因素？
6. 消声器的安装应注意哪些方面？
7. 提高抗性消声器的措施有哪些？
8. 共振式消声器的设计应考虑哪些条件？
9. 某声源排气噪声在 125 Hz 有一峰值，排气管直径为 100 mm，长度为 2m，试设计一单腔扩张室消声器，要求在 125 Hz 上有 13 dB 的消声量。

5 隔振与阻尼

隔振和阻尼主要用于减弱由振动引起的固体噪声的传播。本章主要介绍隔振与阻尼原理、各种隔振元件的性能特点、隔振设计及阻尼材料的特点和应用等。

5.1 隔振原理

5.1.1 振动概述

机械运转产生的振动现象随处可见，飞机、舰船、机床、汽车、轨道交通（如城市轻轨火车等）、水暖管道、纺织机械、空调、电锯、升降机等机械发出较强的振动和噪声。人体感觉的振动频率分为3段：低频段为30 Hz以下，中频段为30～100 Hz，高频段为100 Hz以上。人体对振动的感觉不仅与振动频率有关，而且与振幅有关，它们的关系如图5—1所示。

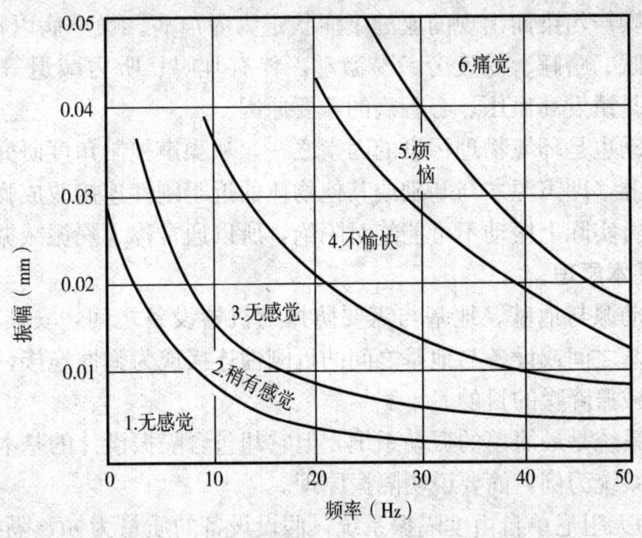

图5—1　人对振动的感觉与振动频率的关系

振动，从物理学上看，就是物质在运动中某个质点离开其平衡位置作往复运动时产生了振动。机械振动产生的主要原因是旋转或往复运动的不平衡、磁力不平衡和部件的相互碰撞。

当振动的频率在 20～2 000 Hz 的声频范围内时，振动源同时也是噪声源。振动能量常以两种方式向外传播而生成噪声，一部分由振动的机器直接向空中辐射，称为空气声；另一部分振动能量则通过承载机器的基础，向地层或建筑物结构传递。在固体表面，振动以弯曲波的形式传播，因此能激发建筑的地板、墙面、门窗等结构振动，再向空中辐射噪声，这种通过固体传导的声叫做固体声。如振动在土壤中传播，在传播过程中，又会激起建筑物基础、墙体、梁柱、天花板、门窗、管道等振动，这些物体的振动会再次辐射噪声。显然固体声加大了噪声的危害和影响。

机械振动的传播途径如图 5—2 所示。

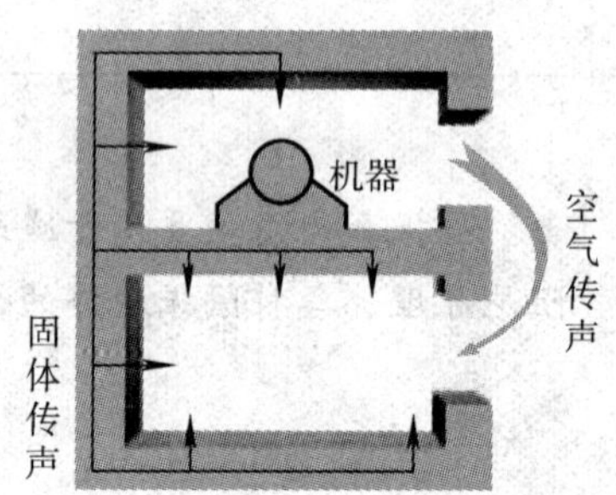

图 5—2　机械振动的传播途径

环境中存在各种各样的振动现象，振动是噪声的主要来源，而且还会直接作用于设备、建筑物和人体。振动作用于仪器和设备，会影响仪器设备的精度、功能和正常使用寿命。振动作用于建筑物，会使建筑物发生开裂、变形直至倒塌。作用于飞机的发动机和机翼，会造成严重的飞行事故。

振动对人体的危害主要体现在以下两个方面。一方面，振动直接作用于人体，会对人的身心健康产生伤害，例如，长期使用振动工具，会产生手部职业病，使手指端间断性发白、发紫、发抖、麻木等，被称为雷诺症状。当振动的频率接近人体某一器官的固有频率时，还会引起共振，对该器官产生严重的影响和危害，例如，人的胸腔和腹腔系统对频率为 4～8 Hz的振动有明显的共振效应。因此，人体若长时间承受该频率的振动，将会受到严重的损伤。另一方面，振动以弹性波的形式在基础、地板、墙壁中传播，并在传播过程中向外辐射噪声，造成噪声污染。医学上已将因噪声污染而出现的亚健康症状定为噪声病。噪声病以神经系统症状为主，如头晕、头痛、失眠、嗜睡、易疲劳、易激动、伴有耳鸣、听力减退等。此外，有证据表明，噪声和振动还是诱发高血压、心脏病的重要原因。

综上所述，振动也是环境物理污染的因素之一，从噪声控制角度研究隔振如何降低固体声及空气声，将振源（即声源）与基础或其他物体的近于刚性连接改成弹性连接，以防止或减振动能量的传播。实际上振动不可能绝对隔绝，所以通常称为隔振减振。

5.1.2　隔振基本原理

隔振就是在振动源与地基、地基与需要防振的机器设备之间，安装具有一定弹性的装置，使振动源与地基之间或设备与地基之间的近刚性连接成为弹性连接，以隔离或减少振动能量的传递，达到减振降噪的目的。

单自由度振动系统是最简单的振动系统，但它却包含隔振设计的基本原理和本质。以下就以单自由度隔振系统为例，简要说明隔振原理。

图 5—3 所示为无阻尼单自由度隔振系统，假设设备的质量为 m，隔振系统的刚度为 k，系统受到的干扰为 F_0，传递力为 $P(t)$，则此隔振系统固有的频率为：

$$\omega_0=\sqrt{\frac{k}{m}} \text{或} f_0=\frac{1}{2\pi}\sqrt{\frac{k}{m}}$$

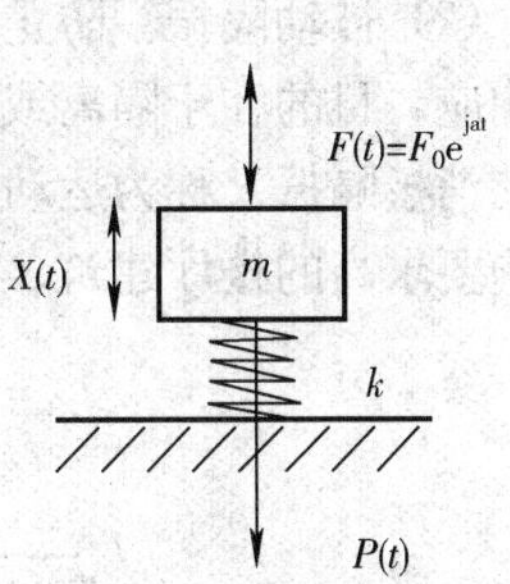

图 5—3　无阻尼单自由度隔振系统示意图

通过隔振系统传递给地基的最大干扰力为：

$$P_0=kx_0=F_0\cdot\frac{1}{1-z^2}$$

振动传递系数为：

$$T=\left|\frac{P_0}{F_0}\right|=\left|\frac{1}{1-z^2}\right|$$

式中　z 称为归一化的频率 f/f_0，x 为位移。

可以发现：当 $z=1$ 时，隔振系统的振动传递系数将为无穷大，这显然不是我们所希望的。在设计时，应避免外界干扰力频率和固有频率相近。

而考虑系统阻尼时，阻尼元件也传递振动，传递干扰力的幅度为：

$$P_0=\frac{F_0/K}{\sqrt{(1-z^2)^2+(2\xi)^2}}\cdot\sqrt{(k+\omega^2c^2)}$$

振动传递系数为：

$$T=\frac{\sqrt{1+(2\xi)^2}}{\sqrt{(1-z^2)^2+(2\xi)^2}}$$

式中　c 为阻尼系数，ξ 为阻尼比。

对比式子可以发现，有阻尼时，隔振系统的传递系数的表达式要复杂得多。当系统出现 $z=1$ 时，隔振系统的振动传递系数将不再为无穷大，此时的传递系数由系统的阻尼决定。

由于弹性装置的隔振作用，设备产生的扰动力向地基的传递特性将发生改变，设计合理时，振动传递将被降低，从而收到减振降噪的效果。根据隔振目的的不同，通常将隔振分为主动隔振（积极隔振）和被动隔振（消极隔振）两类。

（1）主动隔振。隔离机械设备本身的振动力通过其机脚、支座传至基础或基座，即隔离振源，目的在于隔离或减上动力的传递，使周围环境或建筑结构不受机器振动的影响。主动隔振又被称为动力隔振。一般动力机器、回转机械、锻冲压设备的隔振都属于积极隔振，如图 5—4 所示。

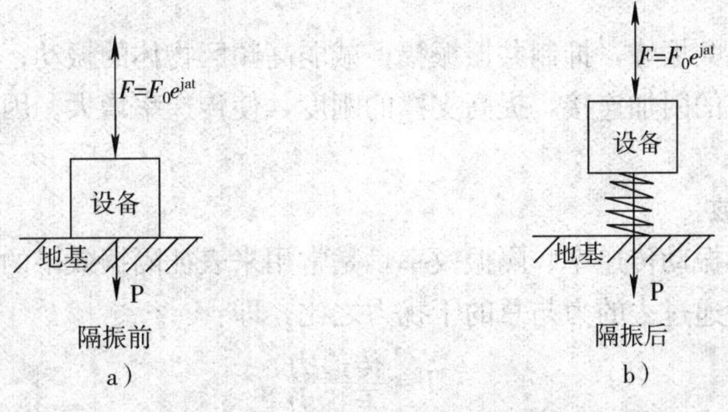

图 5—4　积极隔振装置示意图

（2）被动隔振。防止周围环境的振动通过支座、底座传到需要保护的仪表、器械，即隔离响应，目的在于隔离或减小运动的传递，使精密仪表、器械设备不受这种基础振动的影响。消极隔振又称为运动隔振或防护隔振，一般电子仪表、精密仪器、载重设备、消声室、音响要求高的楼厅建筑、车载运输物品的隔振都属于消极隔振，如图 5—5 所示。

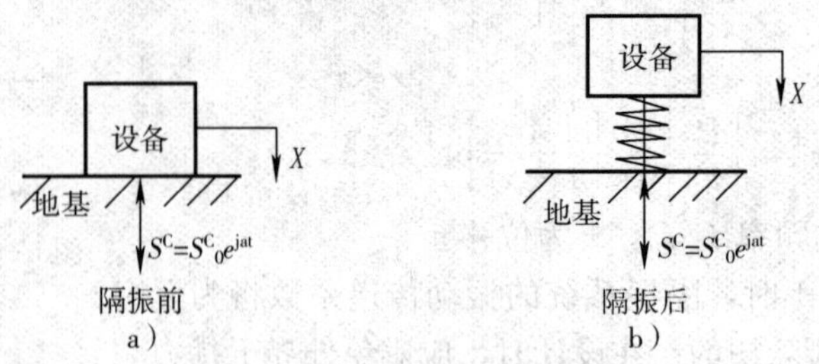

图 5—5　消极隔振装置示意图

在一般情况下，积极隔振的频率范围有 3～1 000 Hz，而消极隔振通常为 3～30 Hz。这两类隔振的概念虽然不同，但实施方法是相同的，都是通过在物体和基座间装设隔振器（刚度和阻尼组成的弹性支撑），恰当选择隔振器的刚度和阻尼，使绝对传递系数 T 小于 1。其区别只是在积极隔振中传递到基座上的传递力变得很小，周期性的激振力则由物体振动时的惯性力的部分或绝大部分抵消，而在消极隔振中，大部分的基座振动都被弹性支撑吸收，物体则凭借惯性维持基本静止。

隔振系统中控制振动及其传递的基本因素是：弹簧或隔振器的刚度、被隔离物体质量系统支撑。

5.1.2.1　刚度

隔振器的刚度越小，隔振效果越好，反之隔振效果越差。对于隔振系统的设计，刚度计算最重要，它决定整个系统的隔振效率，同时又关系到系统的稳定性。

5.1.2.2　质量

在激励力固定、系统固有频率保持不变的情况下，增加被隔离物体的质量，则可以减小其响应的振幅。同时增加质量，包括采用附加质量块、加大隔振底座面积等，可以增大被隔离物体的惯性矩，使其摇摆减小。然而这不能减小绝对传递率，传递至基础的力仍保持不变。

5.1.2.3　阻力

在共振区可减小共振峰，抑制共振振幅；减弱高频区物体的振动；而在隔振区为系统提供了一个使弹簧短路的附加连接，提高支撑的刚度，使传递率增大。因此对于阻尼设计时特别注意。

5.1.3　传振系数

传振系数又称为振动传递率、隔振效率，是常用来表征隔振效果的物理量，记作 T。它就是通过隔振元件传递过去的力与总的干扰力之比，即：

$$T=\frac{传递力}{干扰力}$$

系数越小，隔振元件传递的力越小，隔振效果越好。

振动传递比 T 与频率比 z 的关系主要表现为：

（1）当 z 远小于 1，即 $T \approx 1$，说明干扰力可以通过隔振装置全部传递至基础，装置未起到隔振作用。

（2）当 $0.2 \leqslant z \leqslant \sqrt{2}$ 时，此时 $T > 1$，这说明隔振措施极不合理，不仅不起隔振作用，反而放大了振动的干扰，甚至发生共振。

（3）当 $z \geqslant \sqrt{2}$ 时，干扰力的频率大于隔振系统固有频率的 $\sqrt{2}$ 倍，$T < 1$，干扰力部分通过隔振装置，隔振系统起到隔振效果，一般 z 越大，T 越小，隔振效果越好。

当考虑体系有阻尼情况时，即在体系中安装阻尼器，如橡皮垫等，则体系的传振系数如式所示，振动传递比 T 与阻尼比 ξ 的关系主要表现为：

（1）当 $z \geqslant \sqrt{2}$ 时，即隔振系统不起隔振作用甚至发生共振的区域，ξ 值越大，T 值越小，这说明在这段区域增大阻尼对控制振动是有利的，特别是在控制系统共振放大方面，这种作用更显著。

（2）当 $z \geqslant \sqrt{2}$ 时，即隔振系统起隔振作用的区域，ξ 值越小，T 值越小，说明在这段区间阻尼越小，对控制振动越有利，工程上 ξ 值一般选在 0.02～0.2 之间。

（3）当无阻尼时，T 的最大值出现在频率比为 1 处；当有阻尼时，最大的 T 值出现在 z 小于 1的区域。

5.2 隔振元件

在一般情况下，凡具有弹性的材料均可作为有效的隔振材料或制成隔振器，但在工程应用上必须考虑性能指标、使用寿命、生产成本、适用环境和材料本身等。这些材料应符合下列要求：动弹性模量低，即弹性好刚度小；承载能力大，强度高，耐久性能好，不易疲劳破坏；阻尼性能好，有较大阻尼系数；性能稳定，使用寿命长；抗酸、碱、油、海水、日照等环境性能好；取材方便、价格稳定；加工性能好，容易制作；无毒、无放射性；阻燃性能好。

隔振元件通常分成隔振垫和隔振器两大类。前者有橡胶隔振垫、软木、乳胶海绵、玻璃纤维、毛毡、矿棉毡等；后者有橡胶隔振器、金属弹簧、钢丝绳隔振器、空气弹簧等。常见隔振材料的性能比较见表 5—1。

表 5—1　常见隔振材料的性能比较

性能	剪切橡胶	金属弹簧	软木	玻璃纤维板	气垫
最低自振动频率	3 Hz	1 Hz	10 Hz	7 Hz	0.2 Hz
横向稳定性	好	差	好	好	好
抗腐蚀老化	较好	最好	较差	较好	较好
应用广泛程度	广泛应用	广泛应用	不够广泛	手工部门应用	极少应用
施工与安装	方便	较方便	方便	不方便	不方便
造价	一般	较高	一般	较高	高

5.2.1 隔振器

声音是由声源振动而产生的，故物体的振动也会产生噪声。对于振动产生的固体生，一般采取隔振措施。隔振器是一种支撑元件，是经专门设计制造的具有单个形状的，使用时可作为机械零件来装配安装的器件。最常见的隔振器主要有金属弹簧隔振器和橡胶隔振器，另外还有钢丝绳隔振器、空气弹簧隔振器等。

5.2.1.1 金属弹簧隔振器

金属弹簧隔振器是一种用途广泛的低频隔振元件，如图 5—6 所示，静态变形范围大，可从 10 mm 到 100 mm，承载范围从数牛顿 10 多万牛顿。它主要由钢丝、钢板、钢条等制造而成。它应用广泛，从重达数百吨的设备到轻巧的精密仪器都可以应用金属弹簧隔振器，通常用在静态压缩量大于 5 cm 的地方或者用在温度和其他环境条件不容许采用橡胶等材料的地方。

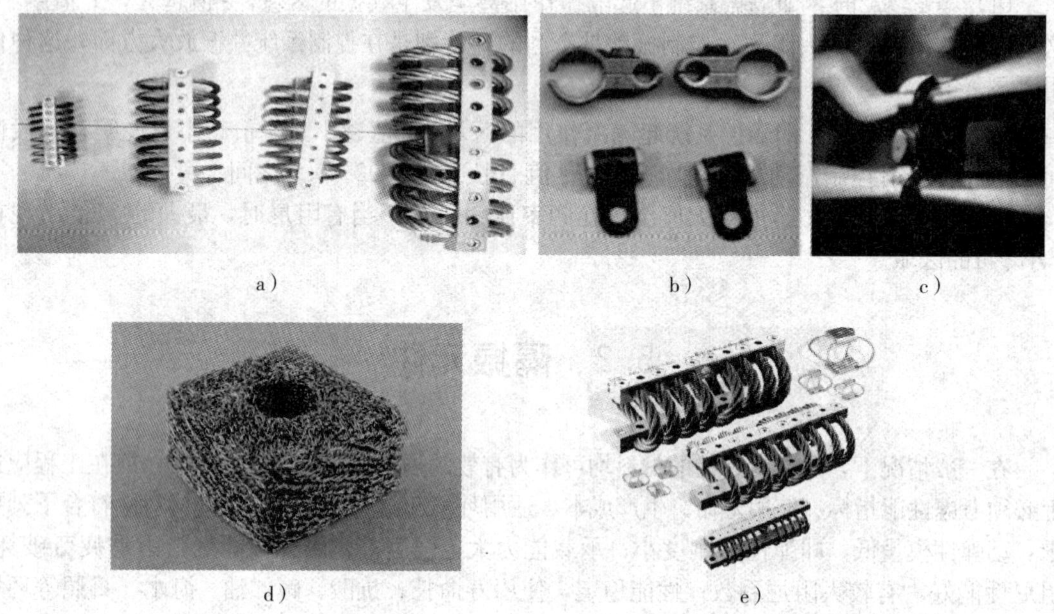

a) b) c)

d) e)

图 5—6 几种常见的金属弹簧隔振器

金属弹簧隔振器的优点是：静态压缩量大，固有频率低，低频（2～4 Hz），隔振良好；耐受油、水和溶剂等侵蚀，不受温度变化的影响；不易老化或蠕变；大量生产时特性变化很小；设计计算方法比较成熟、加工制作方便，安装、更换容易。缺点是本身阻尼极小（阻尼比约 0.005），导致共振时传递率非常大；高频时容易沿钢丝传递振动高频振动隔振效果差，被称为高频失效。目前较多使用的是小型螺旋钢弹簧组合并配以铸铁外壳，并做一定的阻尼处理，但实际阻尼改善不大。将在安装减振器时垫入橡胶垫可减弱高频失效的影响，但有些橡胶在承压状态下容易老化，有时也可安装在浮筑地面上，效果更理想。

5.2.1.2 橡胶隔振器

将橡胶固化、剪切成型，可以形成各式各样的橡胶隔振器。胶隔振器是使用最广泛的一种隔振元件，可用于受切、受压或切压的情况，但很少用于受拉的情况。该类隔振器具有良好的隔振缓冲和隔声性能，加工容易，可以根据刚度、强度及环境条件等不同要求设计成不同形状，常用橡胶的参数见表 5—2。适合于中小型设备和仪器的隔振，适用频率范围为 4～15 Hz。

橡胶隔振器的优点是不仅在轴向，而且在横向及回转方向均具有很好的隔离振动性能；橡胶内部阻力比金属大得多，高频振动隔离性好，隔离效果也很好，阻力比为0.05～0.23。由于橡胶成型容易，与金属也可牢固地粘接，因此，可以设计制造出各种形状的隔振器，而且重量轻，体积小，价格低，安装方便，更换容易。缺点是不耐老化和不耐高温问题，普通橡胶使用温度范围是0～70℃，特殊工艺下限温度方可达－50℃，在空气中容易老化，特别是在阳光直射下会加速老化，一般寿命5～10年，荷载特性常不一致，经受长时间大荷载的作用，会产生松弛现象；不耐油污、承载能力较低。常见的橡胶隔振器如图5—7所示。

a）　　b）

c）

图5—7　几种常见的橡胶隔振器

表5—2　常用橡胶的参数

材料名称	允许用压力（MPa）	动态弹性模量（MPa）	E_6/σ
软橡胶	0.1～0.2	5	25～50
较硬橡胶	0.3～0.4	20～25	50～83
开槽或有孔橡胶	0.2～0.25	4～5	18～25
海绵状橡胶	0.03	3	100

5.2.2　隔振垫

隔振垫是利用弹性材料本身的自然特性，一般没有确定的形状尺寸（橡胶隔振垫除外，它有确定的形状与一定的尺寸）。常见的隔振垫由具有一定弹性的软材料（如软木、毛毡、橡胶垫、海绵、玻璃纤维及泡沫塑料等）构成。

隔振垫的优点是价格低廉，安装方便，可剪裁成所需的尺寸并能重叠起来使用，以获得所需的效果。

5.2.2.1　橡胶隔振垫

橡胶隔振垫是应用最广泛的隔振垫。它具有安装方便、通用性强、价格便宜等优点。缺点是易受温度、油质、臭氧、日光及化学溶剂的侵蚀，造成性能变化及老化，易松弛，因此寿命一般为 5～8 年，橡胶隔振垫的适用范围为 10～15 Hz（多层叠放效果可低于 10 Hz）。

橡胶在负荷之下，本身的形状容易改变，而其体积则不变。如果橡皮在载荷之下向侧面伸展受到束缚，则不会再有向下的压缩量，而使它变得坚硬，起不到弹性垫的隔振作用。因此，使用橡胶受压时，必须对其向侧面的伸展给以足够的间隙，或将橡胶做成肋状垫，含有若干镂孔的垫或具有许多矮的橡皮钉子的垫，以便使其在载荷之下能向侧面伸展，以维持其应有的弹性，从而达到较好的隔振效果。因此，可根据橡胶垫结构不同，大致可分为下列五种类型：

平板橡胶垫（见图 5—8）的优点是承载负荷大，厚度越大，橡胶压缩量就越大。其缺点是横向变形受到很大限制、橡胶压缩量很有限，且固有频率高，隔振性能较差。因此，将平板橡胶与海绵橡胶等静态压缩量较大的材料组合成复合橡胶垫，可以增加橡胶压缩量，提高其隔振性能。

图 5—8　不同类型的橡胶垫

肋形橡胶垫是把平板橡胶垫上下面（或单面）做成肋形、便成为双面单向肋式双面双向肋（或单面肋）的橡胶隔振垫。

三角槽橡胶垫是把平板橡胶垫的上下做成三角槽，这种形状在受荷载时，应力比较集中，容易产生疲劳破坏。

凸台橡胶垫是在平板橡胶垫的一面或两面有许多纵横交叉排列的圆形凸台。在承受荷载时，除了压缩圆凸台数量，基板本身还产生局部弯曲并承受剪切应力，使橡胶压缩量有所增加。凸台橡胶垫如将凸台中部挖成圆筒形，有的还在圆筒内装金属弹簧，上述橡胶垫的压缩量通常大于肋形橡胶垫，但是，由于结构形状比较复杂，生产工艺要求较高。

剪切型橡胶垫：平板橡胶垫的上下两面构成圆弧槽，对于这种剖面形状，受荷载时以剪切变形为主，增加橡胶压缩量，固有频率低于压缩型橡胶隔振垫。

安装橡胶垫时，橡胶隔振垫一般放在基座下面，无须固定，因为橡胶隔振垫与其接触的表面有相当大的摩擦力。对于大型机器设备下面的隔振安装，仅考虑隔振垫更换的可能性即可。

5.2.2.2　毛毡

隔振用的工业毛毡是用粗羊毛制成的。在振动受压时，毛毡的压缩量等于或小于厚度的 25%，则其刚度是线性的；大于 25%后，则呈现非线性，这时刚度剧增，可达前者的 10 倍。因此，毛毡承受荷载需有限制，不能使其压缩量超过 25%。

毛毡垫的固有频率主要决定于它的厚度。在一般情况下，30 Hz 是毛毡垫最低固有频率。因此，毛毡垫对 40 Hz 以上激振频率才能起到隔振作用，所以它对减小声频范围内的振动传递是有效的。毛毡的阻尼比较高，约为 0.05。毛毡防火防水性能差，使用时应注意防潮防腐，可用油纸或塑料薄膜包裹，缝隙处用热熔沥青涂抹以保证密封。沥青毡是用沥青黏结羊毛加压制成，硬度与皮革相仿，它主要用于垫衬锻锤的砧座，由多层组合使用。

5.2.2.3　玻璃纤维

玻璃纤维是一种松散纤维材料，它靠本身良好的弹性和纤维间的压缩和摩擦而具有一定的阻尼和弹性，是一种良好的隔振材料，使用较为普遍。例如，用酚醛树脂黏结的玻璃纤维板的隔振垫广泛应用于机器或建筑物基础的隔振，在应力为 1～2 kPa 时，其最佳厚度为 10～15 cm。玻璃纤维的优点是防火、抗老化、防腐防蛀、耐酸碱和耐油；缺点是易受潮，故不宜用于室外。

当采用玻璃纤维板时，最好使用预制混凝土机座，将玻璃纤维板均匀地垫在机座底部，使荷载得以均匀分布，同时需要采取防水措施，以免玻璃纤维吸水过多、丧失弹性。

矿棉与玻璃纤维属于同一类型的隔振材料，价格低廉。试验表明，密度为 110 kg/m^3 的矿毡，厚度为 2～5 cm，荷载为 1.5～2.5 kPa 时，隔振效果较佳。

5.2.2.4 海绵橡胶和泡沫塑料

如 5.2.2.1 所述，橡胶和塑料在变形时体积几乎不变，因此，可以在橡胶或塑料内形成空气或气体的微孔，使其具有可压缩性，或是经过发泡处理的具有空气微孔的橡胶和塑料称为海绵橡胶和泡沫塑料。由海绵橡胶和泡沫塑料构成的弹性支撑系统，其优点主要表现为使用这种材料可获得很软的支撑系统；剪切容易，安装方便；载荷特性表现为显著的非线性，然而产品很难保证质地均匀，导致其固有频率变化较大，隔振要求较高时，需通过实验的方法确定最佳条件。

5.2.3 管道柔性接管

机械设备的振动，除了通过基础沿建筑结构传递外，还可以通过管道、管内媒质以及固定管道的构件传递至邻近结构而辐射噪声。为了隔离固体声传播，需要对管道进行隔振，可以通过设备与管道之间用弹性元件连接实现。广泛应用于在风机、水泵、空压机、柴油机进出口与管道连接盘之间用弹性元件（弹性接头）连接，管道通过弹性吊架或支架由楼板或墙支撑上。

根据管道连接的材料不同，可以将管道柔性接管分成下述两大类：

5.2.3.1 橡胶柔性接管

橡胶柔性接管适用于工作压力≤2.5 Mpa 媒质温度在 100℃以下的管道隔振，一般为水泵、罗茨风机、空调机、真空泵等的进出口，均可装置橡胶柔性接管，其横截面多为圆形。

橡胶柔性接管弹性好，寿命长，规格全，目前国产橡胶接管的最大口径已达到 2 m，根据外形又可分为单球、双球或多球的，其隔振降噪效果与橡胶材料的硬度、接管的结构、剖面形状、接管的长度和管内媒质的压力以及管道的固定和安装方式都有关。

5.2.3.2 不锈钢波纹管

对于柴油机排气口、空压机和真空泵出口处的温度高于 100℃以上，且压力高于环境大气压，这时橡胶柔性接管已不适用，而采用不锈钢波纹管。不锈钢金属波纹管是用不锈钢板压延成波纹管道，两端焊以不锈钢连接盘制成，它可以承受－70～300℃的温度。它的优点是耐高温、高压和腐蚀性媒质；具有较好的隔振降噪效果；经久耐用，只是价格较贵，一次性投资比较大。

设计安装时需要注意，软接头不能承受轴向外荷的管路上，而应配置在设备管道的进出口处；软接头不能承受轴向外荷拉力，也不能承受轴向弯曲，要防止与其他器件相对摩擦，以免损伤软接头表面；软接头横向补偿位移作用比较小，安装时不能超过产品的极限额定值，也不能作弯头使用；必要时可采用进出口轴线不同的软接头或橡胶弯头来补偿较大的横向位移。软接头应该配置在垂直和水平两个方向。

5.2.4 其他隔振元件

5.2.4.1 钢丝绳隔振器

将多股钢丝绳绕成截面呈椭圆形的螺旋弹簧，上下用两块条状夹板固紧，构成最普通的钢丝绳隔振器。常用钢丝绳材料为弹簧不锈钢，中间为芯股，由 7×7（49）股或 1×19 股细钢丝绳绕成，外圈 6×19 股钢丝绳编织而成。

钢丝绳隔振器的优点是耐腐蚀、耐磨损、耐高低温，使用温度范围极宽，阻尼大，其阻力大于 0.1，最高可达 0.3 以上；具有软弹簧弹性，即振动幅值越大，其刚度越软，隔振系统的共振频率便越低，变形范围大。缺点是水平方向稳定性比较差。

5.2.4.2 空气弹簧

空气弹簧隔振器是在可挠的密闭容器中充填压缩空气，利用其体积弹性而起隔振作用。它由弹簧本体、附加空气囊和高度控制阀三个部分组成。被广泛应用于压缩机、气锤、精密仪器、汽车、地铁机车、火车等。因其固有频率可以低到 1 Hz 左右，且横身稳定性也比较好，特别适宜用作要求非常高的精密计量仪器的隔振。缺点是空气弹簧需要附加充气、调压等装置，占地面积大，投资费用大，故目前只能在要求高的隔振系统中作为隔振元件应用。

5.2.4.3 软木

用软木隔振在我国的隔振工程实践中历史比较久。在国外，软木一般用于大型空调通风机和印刷机的下面，作为隔振器。软木是可以压缩的材料，它能适应 30%以下的压缩率，而不出现侧向的伸展，因此，可以简化隔振器的构造。其优点是室温下软木的寿命可高达几十年，水和油类对软木性能影响不大。目前国内并无专用的隔振软木产品，通常利用保温软木替代。为了保证软木隔振垫的机械强度，使用时把软木条拼装成块，四周用钢箍固紧或用聚苯乙烯包扎。

还有其他一些隔振元件，如弹性管道支撑、高弹性橡胶联轴器、油阻力器、动力吸振器和吊式隔振器等。

5.3 阻尼原理

什么是阻尼？在电学中，就是响应时间的意思。而在机械物理学中，是指系统的能量的减小——阻尼振动不都是因“阻力”引起的。对于机械振动而言，一种是因摩擦阻力生热，使系统内机械能减小，转化为内能，这种阻尼叫摩擦阻尼；另一种是系统引起周围质点的振动，使系统的能量逐渐向四周辐射出去，变为波的能量，这种阻尼叫辐射阻尼。能将系统内能量减小的材料，称为阻尼材料。

在声学上，现代车辆、船舶、飞机等交通工具的壳体，机器的护壁、风机的壳体以及使用金属板料制造的隔声罩、声屏障、通风管道等，重量日趋轻薄，导致薄板受外力作用时容易发生振动而辐射噪声。为了有效地抑制振动噪声，需要在薄板表面紧贴或喷涂一层或几层内摩擦大的材料，如沥青、软橡胶或其他高分子材料，这一措施称为阻尼减振。

5.3.1 阻尼基本原理

阻尼材料之所以能减弱振动，降低噪声的辐射，主要原因是它减弱了金属板中传播的弯曲波。当机器或薄板发生弯曲振动时，振动能量迅速传递给紧贴在薄板上内摩擦耗损大的阻尼材料，于是引起薄板和阻尼层之间相互摩擦和错动，阻尼材料内部分子不断发生相对位移，由于其内摩擦阻力很大，将振动能量转化为热能被消耗。因此，在薄板上涂贴阻尼材料，不仅可以减弱共振时产生的强烈振动，而且可以减低机器振动或撞击而产生的噪声。

阻尼的大小通常用损耗因子 η 表示，它定义为每单位弧度的相位变化的时间内，内损耗的能量与系统的最大弹性热能之比。它表征了板结构共振时，单位时间振动能量转变成热能的大小，η 越大，其阻尼特性越好。损耗因子 η 多采用共振法测得。当振荡器由低频到高频连续扫描时，则可在接受端记录到一个共振响应，由电平记录仪记录共振峰的频率和共振峰半宽度，则 η 可按下式计算：

$$\eta = \Delta f / fr$$

式中 fr——共振频率，Hz；

Δf——共振峰半宽度，Hz。

另外，也可以在某一共振频率处，令激发信号突然消失，试件将以某一简谐振动方式作自由振动，由于试件本身阻尼作用，振动指数规律衰减，用电平记录仪可记录振动衰减曲线。通过曲线计算出混响时间，可用下式求损耗因子：

$$\eta = 2.2 / T_{60} fr$$

式中 T_{60}——试件振动衰减 60 dB 所经过的时间，s；

fr——共振频率，Hz。

阻尼是降低振动共振响应最有效的方法，材料阻尼的大小取决其内部分子运动实施这种能量转换的能力。合理选择结构材料，可以有效地降低振动系统的振动和噪声，它同材料本身的弹性模量和损耗因子即黏弹特性有关。大多数材料的损耗因子处于 $10^{-1} \sim 10^{-4}$ 的范围。表 5—3 列出一些典型材料的损耗因子。

表 5—3　一些典型材料的损耗因子

材料	损耗因子
钢、铁	$1\times10^{-4} \sim 6\times10^{-4}$
有色金属	$1\times10^{-4} \sim 2\times10^{-3}$
玻璃	$0.6\times10^{-3} \sim 2\times10^{-3}$
塑料	$5\times10^{-3} \sim 1\times10^{-2}$
有机玻璃	$2\times10^{-2} \sim 4\times10^{-2}$
木纤维板	$1\times10^{-2} \sim 3\times10^{-2}$
混凝土	$1.5\times10^{-2} \sim 5\times10^{-2}$
沙（干沙）	$1.2\times10^{-1} \sim 6\times10^{-1}$
黏弹性材料	$2\times10^{-1} \sim 5$

由表 5—3 可知，金属材料的损耗因子很小，而非金属材料一般具有较高的阻尼。近年来国内开发的两种新型阻尼材料：阻尼合金和黏弹性阻尼材料。阻尼合金是一种新型的具有较高阻尼损耗因子的金属材料，既是结构材料，又有好的阻尼性能，损耗因子在 0.05～

0.15 之间。黏弹性阻尼材料是非金属阻尼材料，损耗因子大于 1，最高可达 2 左右。它与金属板材黏结组成具有很高的强度和较大损耗因子的阻尼结构，用以抑制和减弱轻型板、壳结构噪声取得很好的效果。

阻尼结构按黏弹性阻尼材料与金属板件组合方式的不同，可分为自由阻尼结构和约束阻尼层结构两大类。

5.3.1.1　自由阻尼结构

图 5—9 所示为典型自由阻尼结构图。黏弹性材料直接喷涂或粘在基板或结构的表面上。构件（厚度 H_1）被激振时，自由阻尼层产生交变的拉压变形，由于应变滞后于拉压应力，导致振动能量的损耗。

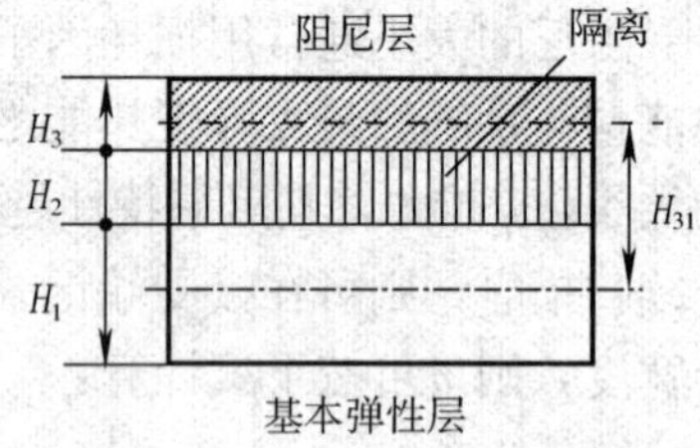

图 5—9　典型自由阻尼结构图

自由阻尼结构的损耗因子与阻尼材料的损耗因子、基板和阻尼材料的弹性模量比、厚度比等有关。图5—10给出了不同厚度比、弹性模量比、损耗因子比之间的关系曲线。当阻尼材料的弹性模量比较小时，自由阻尼结构的损耗因子可以表示为：

$$\eta = 14\eta_2 E_2/E_1(H_2/H_1)2$$

式中　η_2——阻尼材料损耗因子；

E_1、E_2——基板和阻尼材料的弹性模量；

H_1、H_2——基板和阻尼材料的厚度。

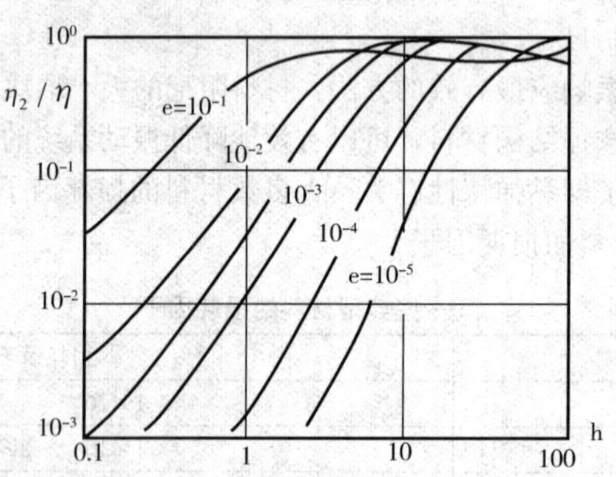

图 5—10　自由阻尼结构的损耗因子比值与厚度比的关系曲线

其中，E_2/E_1 的值过小，降振效果就差；对于大多数情况，E_2/E_1 的数量级为 10^{-1}～10^{-4}，只有较高的厚度值，才能达到较高的阻尼。通常厚度比以 2～4 为宜，比值过小，降振效果差；比值过大，降振效果增加不明显，造成材料的浪费。

自由阻尼结构多用于管道包扎以及消声器、隔声设备等易振动的护板上。

5.3.1.2　约束阻尼层结构

约束阻尼层结构如图 5—11 所示。从图中可以看出，在振动部件（一般为金属基板）上牢固地粘一层黏弹性阻尼材料，在其上部再牢固地粘一层金属板，构成约束阻尼层结构。基板和约束层称为结构层，提供强度；阻尼层吸收振动能量。当基板弯曲振动时，阻尼层上下表面各自产生压缩和拉伸的不同变形，因此，阻尼层承受剪切应力，产生剪切应变，可消耗更多振动能，因此阻尼效果更好。可见，约束阻尼层与自由阻尼层在阻尼机理方面是不相同的，约束阻尼结构损耗因子较大。

例如，复合型阻尼金属板材为约束阻尼层结构，它由在两块钢板或铝板之间夹有非常薄的黏弹性高分子材料构成。各基体金属材料保证结构强度，黏弹性材料和约束结构保证其阻尼性能，具有损耗因子大、温度宽度大的特点。

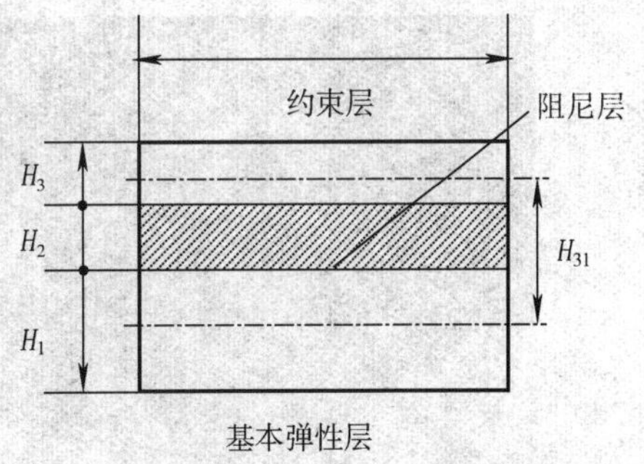

图 5—11 约束阻尼层结构

5.3.2 阻尼材料

阻尼材料（见图 5—12）是一种兼有某些黏性液体和弹性固体特性的材料。阻尼材料产生动态应力和应变时，一部分能量被转化为热能而耗散掉，另一部分能量以位能的形式储存起来，能量被转化和耗散的现象表现为阻尼特性。利用它可抑制共振频率下的振动峰值，减少振动沿结构的传递，从而降低结构噪声。

阻尼材料分为阻尼板材和阻尼涂料两大类。

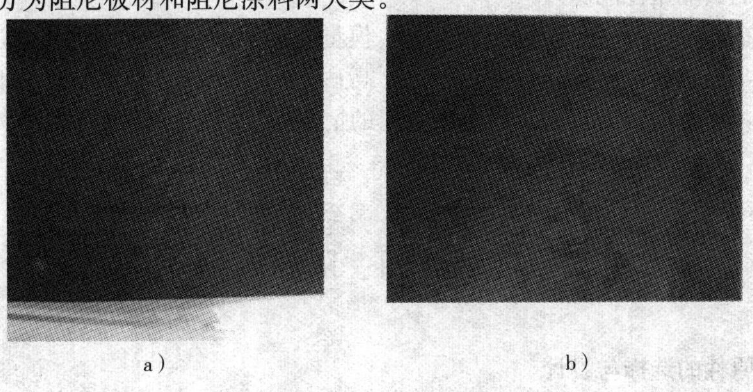

图 5—12 阻尼材料

a）沥青型阻尼材料 b）橡胶阻尼材料

5.3.2.1 阻尼板材

阻尼板材的优点是减振隔声性能，性能稳定；缺点是对结构表面形状和安装工艺性要求较高。阻尼板材可应用于振动源附件的结构部件表面，做成自由阻尼处理结构。根据基体成分，阻尼板材又分为沥青阻尼板材和橡胶阻尼板材。EVA 阻尼胶板如图 5—13 所示。

沥青型阻尼材料的基本配方以沥青为基材，配以大量无机填料混合而成，必要时加入适量塑料、树脂、橡胶等。在汽车、拖拉机、纺织机械和航天等行业使用较多，特别是在性能要求较高的车型中使用尤其广泛。

橡胶阻尼材料以其优异的性能引起人们的重视。常用的橡胶阻尼材料有丙烯酸酯橡胶、聚氨酯、丁基橡胶、聚乙酸乙烯酯以及丁腈橡胶等。

5.3.2.2 阻尼涂料

阻尼涂料是一种特殊的涂料，它由高分子树脂加入适量填料和辅料配制而成，具有减振、降噪、绝热和一定密封性能的特点，可广泛应用于飞机、船舶、车辆和各种机械的减振。其优点是施工简便，适合于形状复杂的壳体涂覆；缺点是阻尼涂料干燥速率太慢，容易开裂。汽车阻尼涂料如图 5—14 所示。

图 5—13　EVA 阻尼胶板

图 5—14　汽车阻尼涂料

5.3.3　影响阻尼性能的因素

衡量阻尼材料性能的参数是材料耗损因子，多数材料的耗损因子会因温度和频率改变而发生改变，影响其隔振性能。

阻尼材料在温度较低时，表现为玻璃态，模量表现较高，耗损因子较小；温度较高时，表现为橡胶态，模量表现较低，耗损因子也不高；而在这两个区域中间的过渡区，阻尼材料模量急剧下降，而耗损因子较大。在温度一定的情况下，阻尼材料的模量大致随频率的增高而增大。

技能训练四　隔振设计

一、隔振原件的选择与设计

1. 隔振原件可根据表 5—4 选择

表 5—4　隔振元件选用表

固有频率，Hz	隔振元件
1～8	金属弹簧隔振器、空气弹簧隔振器
5～12	橡胶隔振器、橡胶隔振垫（2～5 层）、玻璃纤维板（50～150 mm）
10～20	橡胶垫（1 层）、金属橡胶隔振器、金属丝棉隔振器
>15	软木、压缩型橡胶隔振器
18～24	压缩型橡胶隔振器

2. 隔振系统（元件）的布置

隔振系统的布置宜采用对称形式，各支点承受的荷载应相等。对于机组（如风机、压缩机和发电机等）的支撑，通常采用公共机座，机组的公共机座应具有足够的刚度。为了提高隔振效率，降低固有频率，隔振元件可串联使用。

小型机器设备的隔振元件可直接安装在地坪或楼板上，不必另做设备基础和地脚在振动控制中，隔振是投资不大却行之有效的方法。隔振分为积极隔振和消极隔振两类。都是在振源或防振对象与支撑结构之间加隔振器材。

二、隔振设计的原则和适用情况

1. 隔振设计的原则

隔振设计是根据机器设备的机器特性、振动强弱、扰动频率以及环境要求等因素，尽量选用振动较小的工艺流程和设备，确定隔振装置的安放部位，并合理使用隔振器等。主要遵循以下原则：

（1）隔振设计时，必须了解机器设备的振动特性，以及可能产生的后果。

（2）合理采用隔振元件，弹性吊架和非刚性连接等隔振措施。机器设备的机座刚性和重量应保证设备的正常运行和减轻磨损。

（3）机器基础应独立，并与其他机器基础、房屋基础之间分开或留缝。

（4）尽量选用振动较小的设备或驱动频率较高的设备，以提高隔振效果。

（5）隔振器在平面上的布置，力求使其刚度中心与隔振体系的重心在同一垂直线上。

2. 隔振设计的适用情况

（1）控制设备引起的基础或楼板的振动，引起的噪声或振动直接产生危害。

（2）在机器设备内部，振动部件通过结构件向非振动部件传递振动。

（3）敏感的仪器或设备受基础传递的环境振动而无法正常工作。

一般来说，对固体声和基础振动比较敏感的地点需要进行隔振，机座重量比较轻的设备需要进行隔振，或增加惰性块后再进行隔振。

三、隔振设计的步骤

1. 隔振设计前的准备工作

（1）收集被隔设备的资料：设备的型号、规格及轮廓尺寸图等，设备的重心位置、质量和质量惯性矩，设备底座外廓图、附属设备、管道位置和坑、沟、孔洞的尺寸、灌浆层厚度、地脚螺栓和预埋件的位置等，与设备和其基础连接的有关管线图。

（2）勘察现场条件，确定设备安装位置，掌握支撑结构形式。

（3）掌握隔振装置工作的环境条件，如温度、接触物等。

（4）收集隔振安装需要的图样资料，包括动力设备和机架的重量和重心的位置，以及设备底座外形尺寸和地脚螺栓的位置等。

（5）所选用或设计的隔振器的特性（如承载力、压缩极限、刚度和阻尼比等）。

2. 明确隔振设计的任务

根据不同的隔振类型，分析振动设备的扰动力频率 f。如果有几个频率不同的振动源都需要隔离，则激振力频率应该取频率的最小值作为设计计算值。扰动力频率 f 常常是现有设备的固有参数不可改动。

3. 确定振动传递比 T

根据设计原则和有关资料，以及实际工程需要确定振动传递比 T。简单隔振（质量弹簧系统）系统的振动传递比 T 由下式计算：

$$T=\frac{1}{\left|1-(\frac{f}{f_0})^2\right|}$$

式中　T——振动传递比；

f——机器设备的扰动频率，Hz；

f_0——机器设备与隔振装置组成的隔振系统的固有频率，Hz。

在隔振系统有阻尼的情况下，由下式计算：

$$T=\left\{\frac{1+(2\xi\frac{f}{f_0})^2}{\left[1-(\frac{f}{f_0})^2\right]^2+(2\xi\frac{f}{f_0})^2}\right\}^{1/2}$$

式中　ξ——阻尼比，$\xi=c/c_0$。

4. 确定固有振动频率 f_0

根据现场隔振要求，由扰动力频率 f 以及振动传递比 T 可以确定隔振系统的固有振动频率 f_0：

$$f_0=f\sqrt{\frac{T}{1+T}}$$

由于机组外力频率 f 与机组本身重力作用下弹性支座的静态下沉量 d_{cm}（cm）有着重要关系。因此，隔振系统的固有频率 f_0 也可以用下式计算。

对于钢弹簧：
$$f_0=4.98\frac{1}{\sqrt{d_{cm}}}\approx\frac{5}{\sqrt{d_{cm}}}$$

对于橡胶等弹性材料：
$$f_0=\frac{5}{\sqrt{d_{cm}}}\times\frac{\sqrt{E_d}}{\sqrt{E_s}}$$

式中　E_d，E_s——材料动态和静态弹性模量。

同时应保证 $f/f_0>\sqrt{2}$。在一般情况下，f/f_0 应取 2.5～5，要获得较大的静态压缩量，并取得较好的隔振效果，通常 f_0 选取 2.5～3 Hz，阻尼比取 0.1～0.2。由于 f 是不可改变的，要保证 $f/f_0>\sqrt{2}$，就要尽量降低 f_0。在实际隔振工程中，降低隔振系统固有频率 f_0 通常采用以下办法：

（1）增加设备的质量。

（2）降低隔振器的劲度。

5. 确定系统总参考质量 m

6. 计算隔振体系的总刚度 k

$$k=m\omega_0^2$$

式中　k——隔振体系的总刚度，kN/m；

m——隔振体系的总质量，t。

7. 计算隔振器的数量 N

$$N\leqslant\frac{k}{k_i}$$

式中 k_i——所选用的单个隔振器的刚度，kN/m。

8. 核算隔振器的总承载能力

$$Np_i \geqslant W + 1.5p_d$$

式中 p_i——单个隔振器容许承载力；

W——隔振体系总重量；

p_d——作用在隔振器上干扰力，kN。

9. 校核设备振幅

试算隔振体系上所要求的振动控制点上的机器振幅 A，使之满足：

$$A \leqslant [A]$$

式中 $[A]$——容许振动的线位移。

当机器以垂直振动完全独立方式弹性支撑时，由激振力 F 所引起的机器振幅 A：

$$A = \frac{Fg}{(2\pi f_n)^2 W} \times \frac{1}{1-(f/f_n)^2}$$

式中 A——容许振幅，m；

W——隔振体系总重量，kN；

f——干扰力的频率，Hz；

f_n——系统固有频率，Hz；

g——重力加速度，m/s^2。

10. 调整参数 m、k、c

调整参与振动的系统总质量 m、总刚度 k 和系统的阻尼系数 c 等，满足振动传递率 T 或控制点的机器振幅等要求。

11. 选择隔振器的型号

根据上述计算参数和使用要求，选择隔振器的型号，进行隔振系统的结构设计。

阅读材料五　阻尼技术的发展历史

阻尼技术是阻尼减振降噪技术的简称，阻尼材料也就是振动衰减材料。通常将材料内部在经受振动变形的过程中，把机械振动能量转变为热能耗散掉的能力称为阻尼。其物理意义是指系统损耗的能量与输入能量的比值，因此它是无量纲的参量。材料阻尼的基本原理就是损耗能量，不同材料的损耗因子不同，大多数结构材料如金属材料的损耗因子较小，而高聚物黏弹材料的损耗因子较大，因此，各种阻尼技术都是围绕如何把受激振动能转化为其他形式的能（如热能、变形能等），而使系统尽快恢复到受激前的状态。

阻尼技术发展历史分为以下几个阶段。

第一阶段：1784—1920 年。早在 1784 年，Coulomb 指出，金属经受循环应力应变时，应力 2 应变曲线会形成滞后环，并有能量消耗；1837 年，Weber 首次利用扭摆的自由衰减测量了材料的阻尼；1878 年，Rayleigh 给出了线性、黏弹性阻尼离散系统和连续介质力学、声学等系统的微观方程和解。在此阶段，阻尼的研究刚刚起步。

第二阶段：1920—1940 年。此阶段由于高速旋转机械、飞机及大型工程结构的开发应用，振动和噪声问题日益突出，美国的 Tacoma Narrows 大桥也是由于水流振动导致损坏的，从而这一阶段主要是对上述问题进行工程应用研究。

第三阶段：1940 年至今。1948 年，Zener 出版了关于金属滞弹性的经典著作，并讨论了能量耗散的方法，1955 年，苏联出版了第一本以工程应用为主题的阻尼专著，1968 年又出版了第二本专著。1960 年，Millar 首次合成出互穿聚合物网络并提出此概念。20 世纪 70 年代，Sperlin 等认为半相容的 IPN 在噪声、振动阻尼方面有着潜在的用途。在此阶段，人们开始定量描述阻尼对动态系统的影响，并发展起一门新的技术——阻尼技术。

思考与练习

1. 什么是振动？振动有哪些危害？
2. 简述隔振的基本原理。
3. 简述隔振器的分类及其适用条件和优缺点。
4. 简述阻尼的基本原理。
5. 阻尼按结构可分为哪两类？各有什么特点？
6. 某化工车间风机的隔振设计，风机全重 900 kg，转速 900 r/min，扰动力 1 000 N，通过查阅相关的资料，确定隔振措施，并计算隔振效率。

6 噪声的测量

测量噪声的强度、大小是否超过标准，了解噪声对人体健康的危害，研究或降低噪声等，都需要噪声测量仪器。常用的测量仪器有声级计、声级频谱分析仪、自动记录仪、磁带记录仪、噪声级分析仪等。

6.1 噪声的测量仪器

6.1.1 声级计

6.1.1.1 原理

声级计主要由传声器、放大器、衰减器、计权网络、电表电路及电源等部分组成（见图6—1）。

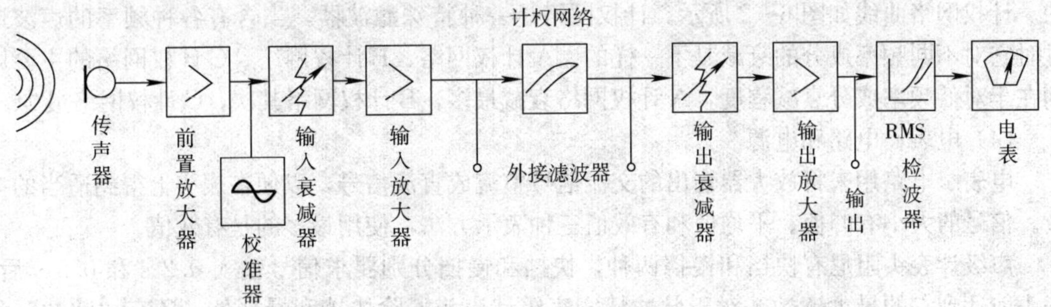

图 6—1 声级计的基本构造

声级计的工作原理是声压由传声膜片接受后，将声压信号转换成电压信号，由于表头指示范围一般只有 20 dB，而声音范围变化可高达 140 dB，甚至更高，所以，此信号经前置放大器作阻抗变换后要送入输入衰减器，经输入衰减器衰减后的信号再由输入放大器定量放大，放大后的信号由计权网络进行计权。计权网络是模拟人耳对不同频率有不同灵敏度的听觉响应，在计权网络处可外接滤波器进行频谱分析。经计权后的信号由输出衰减器减到额定值，随即送到输出放大器放大，使信号达到相应的功率输出，输出信号经检波后送出有效电压，推动电表显示所测的声压级数值。

（1）传声器

常用的传声器有电容传声器、电感传声器和动圈传声器。其中电容传声器最好，应用广泛。电容传声器具有频率响应平直、动态范围大、灵敏度高、固有噪声低、受电磁场和外界振动影响小的特点。电容传感器灵敏度的表示方法有三种：①自由场灵敏度。是指传声器输出端的开路电压和传声器放入电场前该点自由声场声压的比值；②声压灵敏度。是指传声器输出端得开路电压和与作用在传声器膜片上声压的比值；③扩散场灵敏度。是指传声器置于扩散场中输出端的开路电压与传声器未放入前该扩散声场的声压之比。但是，电容传声器在较大湿度下，两极板间容易放电并产生噪声，严重时甚至无法使用。另外，电容传声器需要前置放大器和极化电压，结构复杂，成本高；膜片易破损。所以，电容传声器需要妥善保管，使用时需要特别小心。

（2）放大器和衰减器

传声器把声压转化为电压，电压一般都很微弱，用放大器放大微弱的电信号，以满足指示器的需要。一般对声级计中放大器的要求如下：①增益足够大而且稳定；②频率响应特性平直；③有足够的动态范围；④固有噪声小，耗电小。

由于声级计不仅要测量微弱的信号，而且有测量较强的噪声，所以声级计必须设置衰减器。衰减器的作用是使放大器处于正常工作状态，将过强的信号衰减到合适强度再传入放大器，从而扩大声级计的量程。

（3）计权网络

在噪声测量中，为了使声音客观物理量和人耳听觉的主观感觉近似取得一致，声级计中设有A计权网络、B计权网络、C计权网络，并且已经标准化。它们分别为了模拟40 phon、70 phon和100 phon等响曲线。有的还有D频率计权特性，它是为了测量飞机噪声而设置的。计权网络曲线如图6—2所示。计权网络是一种特殊滤波器，当含有各种频率的声波通过时它对不同频率成分的衰减是不一样的。A计权网络、B计权网络、C计权网络的主要区别在于对低频率成分衰减程度，A计权网络衰减最多，B计权网络其次，C计权网络最少。

（4）电表、电路和电源

电表、电路用来将放大器输出的交流信号整流成直流信号，以便在表头上得到适当的指数。信号的大小有峰值、平均值和有效值三种表示方法，使用最多的是有效值。

声级计表头阻尼有快挡和慢挡两种，快挡和慢挡分别要求信号输入0.2 s和0.5 s后，表头能达到它的最大读数。对于脉冲精密声级计表头。除快挡和慢挡外，还有“脉冲”和“脉冲保持”挡，“脉冲”和“脉冲保持”表示信号输入35 ms后，表头上指针达到最大读数并保持一段时间。可以测量短至20 μs的脉冲信号，如枪、炮和爆炸声等。

为了保证测量的精确度，声级计在使用前必须校准。包括内部参考信号的校准和话筒校准，除此之外，还应避免人体反射对读数的影响，以及及时检查电源，更换电池，长期储存还要注意防潮。同时，为了保证声级计测量较高的灵敏度和精确度，在一般情况下，声级计还可安装防风罩、鼻锥、延伸电缆等附属配件。

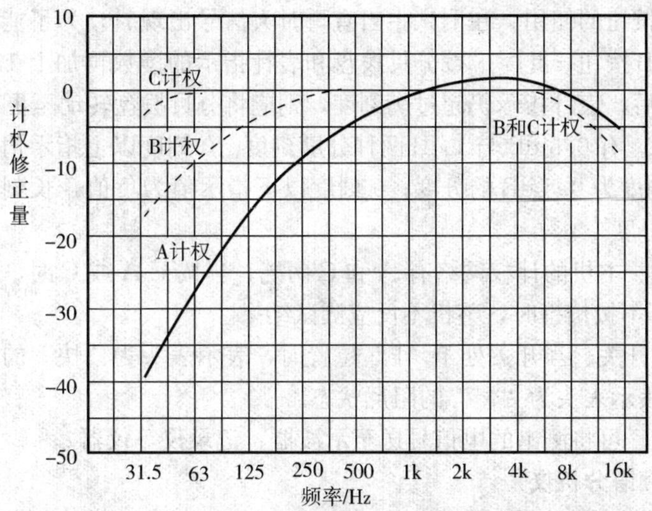

图 6—2 计权网络曲线

6.1.1.2 种类

声级计按用途可分为一般声级计、车辆声级计、脉冲声级计、积分声级计、噪声剂量计等。按其精度可分为四种类型：O 型声级计，是实验用的标准声级计；I 型声级计，相当于精密声级计；II 型声级计和 III 型声级计作为一般用途的普通声级计。按其体积大小可分为便携式声级计和袖珍式声级计。国产声级计有 ND－2 型精密声级计和 PSJ－2 型普通声级计。国际标准化组织（ISO）及国际电工委员会（IEC）规定普通声级计的频率范围是 20～8 000 Hz，精密声级计的频率范围为 20～12 500 Hz。

6.1.1.3 PSJ－2 型声级计简介

PSJ－2 型声级计由测试传声器、前置级、分贝拨盘、快慢（F、S）开关、按键、输出插孔、＋10 dB 按钮和灵敏度调节孔组成，如图 6—3 所示。

PSJ－2 型声级计是一种常用的噪声测量仪器。它的使用步骤是：

(1) 按下电源按键（ON），接通电源，预热半分钟，使整机进入稳定的工作状态。

(2) 电池校准。分贝拨盘可在任意位置，按下电池（BAT）按键，当表针指示超过表面所标的“BAT”刻度时，表示机内电池电能充足，整机可正常工作，否则需要更换电池。

(3) 整机灵敏度校准。先将分贝拨盘于 90 dB 位置，然后按下校准“CAL”和“A”（或“C”）键，这时指针应有指示，用旋具放入灵敏度校准孔进行调节，使表针指在“CAL”刻度上，此时整机灵敏度正常，可进行测量使用。

图 6—3 PSJ－2 型声级计

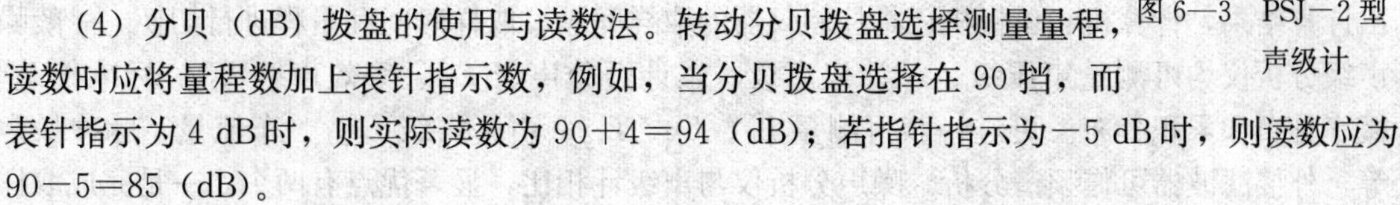

(4) 分贝（dB）拨盘的使用与读数法。转动分贝拨盘选择测量量程，读数时应将量程数加上表针指示数，例如，当分贝拨盘选择在 90 挡，而表针指示为 4 dB 时，则实际读数为 90＋4＝94（dB）；若指针指示为－5 dB 时，则读数应为 90－5＝85（dB）。

(5) ＋10 dB按钮的使用。在测试中当有瞬时大信号出现时，为了能快速正确地进行读数，可按下＋10 dB按钮，此时应按分贝拨盘和表针指示的读数再加上10 dB作读数。如再按下＋10 dB按钮后，表针指示仍超过满刻度，则应将分贝拨盘转动至更高一挡再读数。

(6) 表面刻度。有0.5 dB与1 dB两种分度刻度。0刻度以上指示值为正值，长刻度为1 dB的分度，短刻度为0.5 dB的分度；0刻度以下指示值为负值，长刻度为5 dB的分度，短刻度为1 dB的分度。

(7) 计权网络。本机的计权网络有A和C两挡，当按下A或C时，则表示测量的计权网络为A或C，当不按按键时，整机不反应测试结果。

(8) 表头阻尼开关。当开关处于“F”位置时，表示表头为“快”的阻尼状态；当开关在“S”位置时，表示表头为“慢”的阻尼状态。

(9) 输出插口。可将测出的电信号送至示波器、记录仪等仪器。

6.1.2 声级频谱分析仪

声级频谱分析仪是测量噪声频谱的仪器，它的基本组成大致与声级计相似。但是，频谱分析仪中设置了完整的计权网络（滤波器）。借助于滤波器的作用，可以将声频范围内的频率分成不同的频带进行测量。例如，作倍频程划分时，若将滤波器置于中心频率500 Hz，通过频谱分析仪的则是335～710 Hz的噪声，其他频率就不能通过，因此，在频谱分析仪上所显示的就是频率为355～710 Hz噪声的声压级，其他以此类推。由于频谱分析仪能分别测量噪声中所包含的各种频带的声压级。所以，它是进行噪声频谱分析不可缺少的仪器。在一般情况下，进行频谱分析时，都采用倍频程划分频带。如果对噪声要进行更详细的频谱分析，就要用窄频带分析仪，例如，用1/3频程划分频带。在没有专用的频谱分析仪时，也可以把适当的滤波器接在声级计上进行频谱测定。

6.1.3 自动记录仪

自动记录仪是将测量的噪声声频信号随时间变化记录下来，从而对环境噪声做出准确评价，记录仪能将交变的声谱电信号作对数转换，整流后将噪声的峰值、均方根值（有效值）和平均值表示出来。

6.1.4 磁带记录仪

在现场测量中有时受到测试场地或供电条件的限制，不可能携带复杂的测试分析系统。磁带记录仪具有携带简便、直流供电等优点，能将现场信号连续不断地记录在磁带上，带回实验室中分析。测量使用的磁带记录仪除要求畸变小、抖动少、动态范围大外，还要求在20～20 000 Hz频率范围内，有平直的频率响应。

6.1.5 实时分析仪

在声级计的基础上配以自动信号存储、处理系统和打印系统，便成为噪声级分析仪。噪声级分析仪的工作原理是噪声信号经传声器转换为交变的电压信号，经放大、计权、检波后，利用计算机和单板机存储并处理，处理后的结果由数字显示，测量结束后，由打印机打出计算结果，计算机和单板机还将控制仪器的取样间隔、取样时间和量程进行切换。一般噪声级分析仪均可测量声压级、A计权声级、累计百分声级L_N、等效声级L_{eq}、标准偏差、概率分布和累积分布。更进一步可测量L_d、L_N、L_{eq}、声暴露级L_{AET}、车流量、脉冲噪声等，外接滤波器可作频谱分析。噪声分析仪与声级计相比，显著优点有两个，一是完成取样和数据处理的自动化；二是高密度取样，提高测量精度。

6.2 噪声监测

6.2.1 噪声监测程序

1. 监测程序

噪声监测的一般程序包括现场调查和资料收集、布点和监测技术、数据处理和监测报告。

(1) 环境噪声来源于工业、建筑施工、道路交通和社会生活，监测前应调查有关工程的建设规模、生产方式、设备类型及数量，工程所在地区的占地面积、地形和总平面布局图、职工人数、噪声源设备布置图及其声学参数；调查道路、交通运输方式、机动车流量等；调查地理环境、气象条件、绿化装潢、社会经济结构、人口分布等。

(2) 环境噪声的监测范围不一定是越宽越好，也不能仅掌握几个主要噪声源周围几百米内的噪声，而应该是区域内噪声所影响的范围。监测点的选择、监测实践和监测方法因不同的噪声监测内容而异。测点一般要覆盖整个评价范围，重点布置在现有噪声源对敏感区有影响的点上。其中点声源周围布点密度应高一些。对于线声源，应根据敏感区分布状况和工程特点，确定若干测量断面，每一断面上设置一组测点。为了便于绘制等声级线图，一般采用网格测量法和定点测量法。

(3) 环境噪声监测应根据评价工作需要分别给出各种噪声的评价量，如等效连续 A 声级 L_{eq}、累计百分数声级 L_n、昼夜等效声级 L_{dn} 等，并按相应公式进行处理。根据监测的有关数据和调查资料写出监测报告。

2. 测量时间

测量时间根据不同的监测内容要求不同（见表 6—1）。

表 6—1　　测量时间

项目名称	监测时间
区域环境噪声	白天上午 8：00—12：00，下午 2：00—6：00。夜间一般选在 22：00—5：00
道路交通噪声	白天正常工作时间内
厂界噪声	工业企业的正常生产时间内进行，分昼间和夜间两部分
功能区噪声	24 h，每小时测量 20 min，或 24 h 全时段监测
扰民噪声	白天 6：00—22：00，夜间一般选在 22：00—6：00
建筑施工厂界噪声	在各种施工机械正产运行时间内进行，分为昼间和夜间两部分
机动车辆噪声	白天一般选在上午 8：00—12：00，下午 2：00—6：00。夜间一般选在22：00—5：00

3. 测量气象条件选择

监测气象条件一般为无雨、无雪天气，风力小于 4 级（风速小于 5.5 m/s）。

4. 噪声干扰因素消除

传声器位置要准确，指向要对准监测要求的方向，带风罩。同时保证仪器供电，仪器使用前后均应校准，监测时间避免近距离人为噪声干扰。24 h 监测应注意传声器防潮。

5. 数据处理

根据监测所要求的噪声评价量，确立对应的公式进行处理。

6. 评价方法

由监测到的数据，根据不同的监测项目要求，用数据平均法或图示法进行评价。

（1）数据平均法。将全部测点测得的连续等效 A 声级做算术平均或平均运算，所得到的数值就代表该监测项目的总噪声水平。

（2）图示法。将全部测点的测量结果以 5 dB 为一个等级，划分为若干等级（如56～60，61～65，66～70，…，分别为一个等级），然后用不同的颜色或阴影线表示每一个等级，绘制在所要检测的区域图上，由于一般环境噪声标准多用 L_{eq} 来表示，为便于同标准相比较，因此，建议以 L_{eq} 作为环境噪声评价量，来绘制噪声污染图。

6.2.2 噪声监测

6.2.2.1 城市区域环境噪声

（1）布点

将要监测的城市划分为（500×500）m^2 的网络，测量点选择在每个网络的中心，若中心点的位置不易测量，如房顶、污沟、禁区等，可移到旁边能够测量的位置。测量的网络数目不应少于 100 个格。若城市较小，可按（250×250）m^2 的网络划分。

（2）测量

测量时应选在无雨、无雪天气，白天一般选在上午 8：00—12：00，下午 2：00—6：00。夜间一般选在 22：00—5：00。根据南北方地区的不同、季节的不同，时间可稍有变化。声级计可手持或安装在三脚架上，传声器离地面高度为 1.2 m，手持声级计时，应使人体与传声器相距 0.5 m 以上。选用 A 计权，调试好后置于慢挡，每隔 5 s 读取一个瞬时 A 声级数值，每个测点连续读取 100 个数据（当噪声涨落较大时，应读取 200 个数据），作为该点的白天或夜间噪声分布情况。在规定时间内每个测点测量 10 min，白天和夜间分别测量，测量的同时要判断测点附近的主要噪声源（如交通噪声、工厂噪声、施工噪声、居民噪声或其他噪声源等），并记录周围的声学环境。

（3）数据处理

由于城市环境噪声是随时间而起伏变化的非稳态噪声，因此，测量结果一般用统计噪声级或等效连续 A 声级进行处理，即测定数据按本章第三节有关公式计算出 L_{10}、L_{50}、L_{90}、L_{eq} 和标准偏差 s 数值，确定城市区域环境噪声污染情况。如果测量数据符合正态分布，则可用下述两个近似公式来计算 L_{eq} 和 s：

$$L_{eq} \approx L_{50} + d^2/60, d = L_{10} - L_{90}$$

$$s \approx (L_{16} - L_{84})/2。$$

所测数据均按由大到小顺序排列，第 10 个数据即为 L_{10}，第 16 个数据即为 L_{16}，其他依此类推。

（4）评价方法

1）数据平均法。将全部网络中心测点测得的连续等效 A 声级做算术平均运算，所得到的算术平均值就代表某一区域或全市的总噪声水平。

2）图示法。城市区域环境噪声的测量结果，除了用上面有关的数据表示外，还可用城市噪声污染图表示。为了便于绘图，将全市各测点的测量结果以 5 dB 为一个等级，划分为若干等级（如 56～60，61～65，66～70，…，分别为一个等级），然后用不同的颜色或阴影线表示每一等级，绘制在城市区域的网格上，用于表示城市区域的噪声污染分布。由于一般环境噪声标准多以 L_{eq} 来表示，为便于同标准相比较，因此，建议以 L_{eq} 作为环境噪声评价量来绘制噪声污染图。等级颜色和阴影线表示方式见表 6—2。

表 6—2　等级颜色和阴影线表示方式

噪声带/dB（A）	颜色	阴影线
35 以下	浅绿色	小点，低密度
36～40	绿色	中点，中密度
41～45	深绿色	大点，大密度
46～50	黄色	垂直线，低密度
51～55	褐色	垂直线，中密度
56～60	橙色	垂直线，高密度
61～65	朱红色	交叉线，低密度
66～70	洋红色	交叉线，中密度
71～75	紫红色	交叉线，高密度
76～80	蓝色	宽条垂直线
81～85	深蓝色	全黑

6.2.2.2　城市交通噪声

（1）布点

在每两个交通路口之间的交通线上选一个测点，测点设在马路旁的人行道上，一般距马路边缘 20 cm，这样选点的好处是该点的噪声可以代表两个路口之间的该段马路的交通噪声。

（2）测量

测量时应选在无雨、无雪的天气进行，以减免气候条件的影响，因风力大小等都直接影响噪声测量结果。测量时间同城市区域环境噪声要求一样，一般在白天正常工作时间内进行测量。选用 A 计权，将声级计置于慢挡，安装调试好仪器，每隔 5 s 读取一个瞬时 A 声级，连续读取 200 个数据，同时记录车流量（辆/h）。

（3）数据处理

测量结果一般用统计噪声级和等效连续 A 声级来表示。将每个测点所测得的 200 个数据按从大到小的顺序排列，第 20 个数即为 L_{10}，第 100 个数即为 L_{50}，第 180 个数即为 L_{90}。经验证明，城市交通噪声测量值基本符合正态分布，因此，可直接用近似公式计算等效连续 A 声级和标准偏差值。

$$L_{eq} \approx L_{50} + d^2/60, d = L_{10} - L_{90}。$$

$$s \approx (L_{16} - L_{84})/2$$

L_{16} 和 L_{84} 分别是测量的 200 个数据按由大到小排列后，第 32 个数和第 168 个数对应的声级值。

(4) 评价方法

1) 数据平均法。若要对全市的交通干线的噪声进行比较和评价，必须把全市各干线测点对应的 L_{10}、L_{50}、L_{90}、L_{eq} 的各自平均值、最大值和标准偏差列出。平均值的计算公式是：

$$L(\text{平均值})=(\sum L_i \cdot l_i)/l$$

式中 l——全市干线总长度，$l=\sum l_i$，km；

L_i——所测 i 段干线的等效连续 A 声级 L_{eq} 或累积百分声级 L_{10}，dB (A)；

l_i——所测第 i 段干线的长度，km。

2) 图示法。城市交通噪声测量结果除了可用上面的数值表示外，还可用噪声污染图表示。当用噪声污染图表示时，评价量为 L_{eq} 或 L_{10}，将每个测点的 L_{eq} 或 L_{10} 按 5 dB 一等级（划分方法同城市区域环境噪声），以不同颜色或不同阴影线画出每段马路的噪声值，即得到全市交通噪声污染分布图。

在城市区域环境总噪声评价中使用的是算术平均值，而在城市交通总噪声评价中使用的是平均值，这是交通噪声监测与区域环境噪声监测的主要区别。

6.2.2.3 工业企业噪声

(1) 布点

测量工业企业外环境噪声，应在工业企业边界线外 1 m、高度 1.2 m 以上的噪声敏感处进行。围绕厂界布点、布点数目及时间间距视实际情况而定，一般根据初测结果中，声级每涨落 3 dB 布一个测点。如边界模糊，以城建部门划定的建筑红线为准。如与居民住宅毗邻时，应以该室内中心点的测量数据为准，此时标准值应比室外标准值低 10 dB (A)。如边界设有围墙、房屋等建筑物时，应避免建筑物的屏障作用对测量的影响。测量车间内噪声时，若车间内部各点声级分布变化小于 3 dB 时，只需要在车间选择 1～3 个测点；若声级分布差异大于 3 dB，则应按声级大小将车间分成若干区域，使每个区域内的声级差异小于 3 dB，相邻两个区域的声级差异应大于或等于 3 dB，并在每个区选取 1～3 个测点。这些区域必须包括所有工人观察和管理生产过程而经常工作活动的地点和范围。

(2) 测量

测量应在工业企业的正常生产时间内进行，包括昼间和夜间两部分。传声器应置于工作人员的耳朵附近，测量时工作人员应从岗位上暂时离开，以避免声波在工作人员头部引起的散射声，使测量产生误差，必要时适当增加测量次数。计权特性选择 A 声级，动态特性选择慢响应。稳态噪声，只测量 A 声级。非稳态噪声，则在足够长的时间（能代表 8 h 内起伏状况的部分时间）内测量，若声级涨落在 3～10 dB 的范围，每隔 5s 连续读取 100 个数据；声级涨落在 10 dB 以上，连续读取 200 个数据，在声级等时记录测量的数据。由于工业企业噪声多属于间断性噪声，因此，在实际监测中可通过测量不同 A 声级下的暴露时间，记录测量的数据。

(3) 数据处理

稳态噪声，测得的声级就是该车间的等效连续 A 声级。如某车间内的噪声始终是 90 dB (A)，则该车间的等效连续 A 声级就是 90 dB (A)。非稳态噪声，按区域环境噪声有关公式计算等效连续 A 声级 L_{eq}。按测量的每一区域声级大小及持续时间进行处理，然后计算出等效连续 A 声级。具体方法是将每一区域声级从小到大分成数段排列，每段相差 5 dB（A），每段均以中心声级表示，中心声级规定的数值为 80 dB（A）、85 dB（A）、90 dB（A）、95 dB（A）、100 dB（A）、105 dB（A）、110 dB（A）、115 dB（A）、120 dB（A）、125 dB（A）。例如，80 dB（A）代表的是 78～82 dB（A）的声级范围，85 dB（A）代表的是 83～87 dB（A）的声级范围，其他以此类推。若每天按 8 h 工作，根据要求低于 78 dB（A)的噪声不予考虑，则工业企业一天的等效连续 A 声级的计算公式是：

$$L_{eq} = 80 + 10\lg\left\{\sum\left[10^{(n-1)/2} \cdot T_n\right]/480\right\}$$

式中 n——段数；

T_n——第 n 段声级一天暴露时间，min。

6.2.2.4 机动车辆噪声

（1）布点

对城市环境密切相关的是车辆行驶的车外噪声。车外噪声测量需要平坦开阔的场地。在测试中心周围 25 m 半径范围内不应有大的反射物。测试跑道应有 20 m 以上平直、干燥的沥青路面或混凝土路面，路面坡度不超过 0.5%。测点应选在 20 m 跑道中心 O 点两侧，距中线 7.5 m，距地面 1.2 m。

（2）测量

测量时应选在无雨、无雪天气，白天一般选在上午 8：00—12：00，下午一般选在 2：00—6：00。夜间一般选在 22：00—5：00。根据南北方地区的不同、季节的不同，时间可稍有变化。声级计用三脚架固定，传声器平行于路面，其轴线垂直于车辆行驶方向。本底噪声至少应比所测车辆噪声低 10 dB（A），为了避免风噪声干扰，可采用防风罩。声级计用 A 计权，快挡读取车辆驶过时的最大读数。测量时要避免测试人员对读数的影响。各类车辆按测试方法所规定的行驶挡位分别以加速和匀速状态驶入测试跑道。同样的测量往返进行一次。车辆同侧两次测量结果之差不应大于 3 dB（A）。若只用一个声级计测量，同样的测量应进行四次，即每侧测量两次。

（3）数据处理

车外噪声一般用最大值来表示。取受试车辆同侧两次测量声级的平均值中最大值作为被测车辆加速行驶或匀速行驶时的最大噪声级。

6.2.2.5 功能区噪声

（1）布点

当需要了解城市环境噪声随时间的变化时，应选择具有代表性的测点，进行长期监测。测点的选择，可根据可能的条件决定，交通干线道路两侧两点，其余功能区各设一点，多设不限，但一般不少于 6 个点。另外也可这样设点：0 类区、1 类区、2 类区、3 类区各一点；4 类区两点。

（2）测量

测量时应选在无雨、无雪天气，风力小于 4 级（风速小于 5.5 m/s），声级计安装在三脚架上，传声器离地面高度≥1.2 m，距最近的反射体 1 m 以上，传声器指向较大的声源或垂直向上，带风罩，选用 A 计权快挡。功能区 24 小时测量，以每小时取一段，每段测

20 min。在此时间内每隔 5 s 读一瞬时声级，连续取 100 个数据，当声级涨落大于 10 dB (A) 时，应读取 200 个数据，代表该小时的噪声分布。测量时段可任意选择，但两次的测量时间间隔必须为一小时。测量时，读取的数据记入环境噪声测量数据中。读数时还应判断影响该测点的主要噪声来源（如交通噪声、生活噪声、工业噪声、施工噪声等），并记录周围的环境特征，如地形地貌、建筑布局、绿化状况等。测点若落在交通干线旁，还应同时记录车流量。

采用噪声分析仪进行测量时，取样间隔为秒，测量时间不得少于 10 min。

(3) 数据处理

数据处理与区域环境噪声相同。评价参数选用各个测点每小时的 L_{10}、L_{50}、L_{90}、L_{eq} 来表示。将全部测点测得的连续等效 A 声级做算术平均运算，所得到的算术平均值就代表该工业企业区域总噪声水平。

6.2.2.6 扰民噪声

(1) 布点

在受外来噪声影响的居住或办公建筑物外 1 m（如窗外 1 m）设点，不得不在室内测量时，距墙面和其他反射面不小于 1 m，距窗户约 1.5 m，开窗状态。

(2) 测量

测量时应选在无雨、无雪天气，风力小于 4 级（风速小于 5.5 m/s），白天一般选在 6：00—22：00，夜间一般选在 22：00—6：00。声级计安装在三脚架上，传声器离地面高度为 1.2 m 以上的噪声影响敏感处且指向声源，传声器带风罩。选用 A 计权快挡，每隔 5 s 读一瞬时声级，连续取 100 个数据（当声级涨落大于 10 dB（A）时，应读取 200 个数据），并计录测量数据。

(3) 数据处理

按区域环境噪声有关公式计算，等效连续 A 声级 L_{eq}。将全部测点测得的连续等效 A 声级做算术平均运算，所得到的算术平均值就代表区域的扰民噪声水平。

技能训练五 道路声屏障插入损失的测量

随着道路交通的发展，我国城市交通方式也向立体多维化发展，交通噪声已成为城市环境噪声的主要组成部分。改善道路交通噪声环境的主要措施之一的道路声屏障也被广泛采用。本技能训练的内容参照了相关国际标准以及我国国家标准《道路声屏障声学设计规范》中相关要求，安排进行声屏障插入损失的测量。

一、声屏障声学性能评价量

声屏障的声学性能包括降噪性能、吸声性能和隔声性能三个方面。声屏障的降噪效果采用 63～4 000 Hz 的倍频带或 50～5 000 Hz 的 1/3 倍频带的插入损失来评价，单一评价量则采用实际声源状况下的最大 A 声级插入损失或等效连续 A 声级；声屏障的吸声性能采用 125～4 000 Hz 的倍频带或 100～5 000 Hz 的 1/3 倍频带吸声系数来评价，单一评价量则采用以上频段的评价吸声系数；声屏障的隔声性能采用 100～3 150 Hz 的 1/3 倍频带传声损失来评价，单一评价量则采用以上频段的评价隔声量或隔声指数。

二、声屏障插入损失的测量方法

1. 直接法

直接测量法是直接在同一参考位置和接受位置声屏障安装前后的声压级。声屏障插入损失按下式计算：

$$IL = (L_{ref,a} - L_{ref,b}) - (L_{r,a} - L_{r,b})$$

式中 $L_{ref,b}$——参考点安装声屏障前的声压级，dB；

$L_{r,b}$——接受点安装声屏障前的声压级，dB；

$L_{ref,a}$——参考点安装声屏障后的声压级，dB；

$L_{r,a}$——接受点安装声屏障后的声压级，dB。

2. 间接法

间接法是声屏障已安装在现场的情况下进行，声屏障安装前的测量可选择和声屏障安装前相等效的场所进行测量，在间接法测量时，要保证两个测点的等效性，包括声源特性、地形、地貌、地面和气象条件的等效。一般间接法的精度要低于直接法的精度。

间接法的接收点和参考点的选择和直接法相同。对于声屏障安装前后，等效于半自由场时参考点和接收点的声压级之差分别为：

$$\Delta L_b = L_{ref,b} - (L_{r,b} - C_r)$$

$$\Delta L_a = L_{ref,a} - (L_{r,a} - C'_r)$$

式中 $L_{ref,b}$——在等效场所参考点处测量的声屏障安装前的声压级，dB；

$L_{r,b}$——在等效场所受声点测量的声屏障安装前的声压级，dB；

$L_{ref,a}$——声屏障安装后参考点处的声压级，dB；

$L_{r,a}$——声屏障安装后受声点的声压级，dB；

C_r——在等效场所声屏障安装前受声点的类型修正，dB；

C'_r——声屏障安装后受声点类型修正，dB。

对于半自由声场中的接收点，类型修正取 0 dB；对于近建筑物的接收点，类型修正取 3 dB；对于建筑物壁面上的接收点，类型修正取 6 dB。

间接法测量的声屏障插入损失为：

$$IL = \Delta L_a - \Delta L_b$$

3. 测量要求及测点布置

声学测量仪器采用 2 型或 2 型以上声级计。测量前后采用声级校准器进行校准。测试声源相关标准中规定为两类声源：自然声源及可控制的自然声源。自然声源指道路上的实际车流；可控制的自然声源指特定选择的试验车辆。在试验中为简单起见，在直接法测量中可采用人工声源。测点的背景噪声级至少比测量值低 10 dB。

参考位置的测量目的是为了监测声屏障安装前后声源的等效性，参考点位置的选择在原则上应保证声屏障的存在不影响声源在参考点位置的声压级。当离声屏障最近的车道中心线和声屏障的距离 $D>15$ m 时，参考点应位于声屏障平面内上方 1.5 m 处（见图 6—4a）。当距离 $D<15$ m 时，参考点应在声屏障平面内上方，并保证声源区域近点与参考位置、声屏障顶端的连线夹角为 10°（见图 6—4b）。

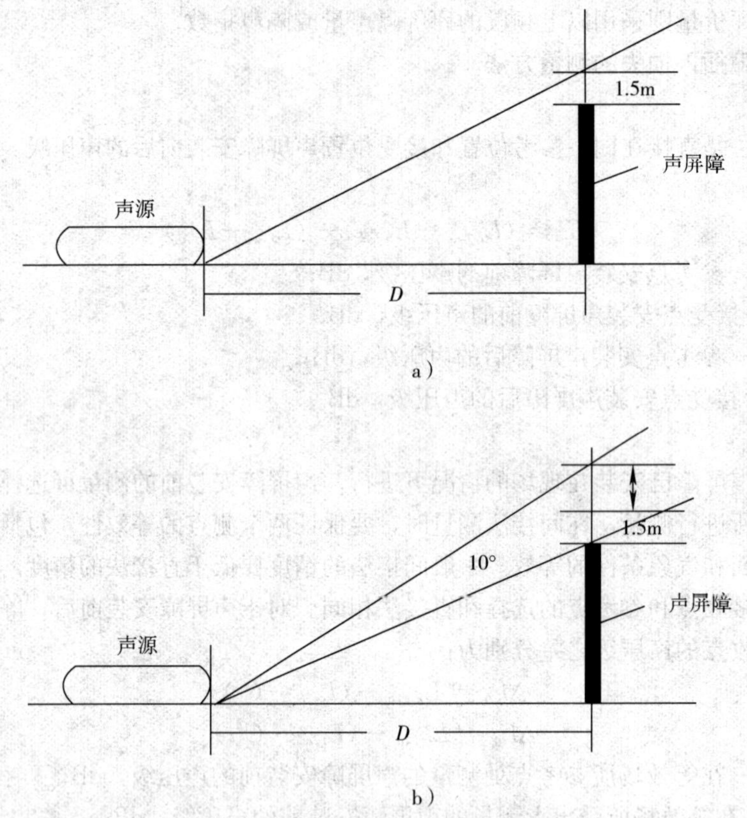

图 6—4　测量要求及测点布置

a）参考点位置（$D>15$ m）　b）参考点位置（$D<15$ m）

接收点位置的噪声表征了声屏障后面的区域的噪声特性。对半自由场条件的接收点，要求与附近的垂直反射面的距离应大于接收点与声屏障距离的 2 倍。对反射面上的接收点应保证墙面坚硬和具有良好的反射性能，在测点附近至少有 0.5 m×0.7 m 的平坦墙壁。接收点离地面高度应大于 1.2 m。

为避免由于声源不稳定所引起的测量误差，对参考点和接收点的测量应同步进行。

4. 试验记录及结果报告

试验报告应包括测量方法的类型、测量仪器及系统的说明、仪器的型号、测量环境及测点布置简图及说明、声源情况、被测声屏障示意图及参数。声屏障 A 计权插入损失和倍频带（或 1/3 倍频带）插入损失的表格及曲线图。

阅读材料六 声学全息术应用于噪声测量

声学全息术是一种将噪声映射为声强分布并定位噪声源的技术，它使用麦克风或天线阵列生成噪声源的声音图像。系统中的通道越多，图像的分辨率就越高。本文说明灵活的模块化仪器设备将继续凭借强大的 PC 功能实现高精度的噪声测量，并通过更小的封装满足更高取样速率、更多通道数量、更宽动态范围以及分布式架构要求。

汽车制造商正想方设法减少噪声，以提高用户能感知的汽车质量。通过使用多通道数量的噪声映射系统，能够检测到超强噪声的来源点，进而加以校正。

同样的原理也应用于地震检测和水下战争所需的水下声学阵列。

声学全息术是一种将噪声映射为声强分布并定位噪声源的技术，它使用麦克风或天线阵列生成噪声源的声音图像。

系统中的通道越多，图像的分辨率就越高。目前的典型系统能够使用 128 个通道甚至更多。汽车制造商想要的是价格更低 400 通道以上的系统。

采用阵列中麦克风之间的相位关系就可以定位较强的噪声源。

MTS 声学照相机是一种基于声束成形技术的噪声映射系统。这种技术需要声学天线，并辅之以测量硬件和分析软件。在本例的风洞测试中使用了带 MTS 声学照相机并基于 NI PXI－4472 数据捕获模块的通道测量系统，测试结果将决定可减少客车上噪声来源的最优后视镜。利用这种方法，可以很容易获得从轮胎和两侧后视镜发出的噪声图像。

思考与练习

1. 试述声级计的构造、工作原理及使用方法。
2. 根据所学内容，自己设计道路交通监测方案，并写出监测报告。
3. 测得某地交通噪声数据（见表 6—3）：求 L_{10}、L_{50}、L_{90}、L_{eq}。

表 6—3　某地交通噪声数据

58	62	65	76	80	67	61	69	70	64
60	55	68	68	69	69	66	68	65	65
66	70	62	66	65	70	72	70	73	65
71	67	68	62	70	59	57	55	60	62
68	66	60	58	60	68	63	66	61	62
64	67	64	66	66	58	61	70	70	67
65	66	57	65	58	71	66	67	55	60
62	62	70	60	62	70	68	70	70	70
68	69	71	74	66	67	68	71	65	66
64	70	69	63	68	69	65	68	68	66

7 噪声环境影响评价

本章主要介绍环境噪声控制标准、环境噪声的影响评价程序、评价内容、评价等级划分和评价方法。

7.1 噪声控制标准

环境标准是环境影响评价的主要依据，因此，要对噪声进行环境影响评价，就必须对噪声控制标准有一定的认识。

噪声控制标准是指在各种条件下为各种目的而规定的容许噪声级标准。我国依据人们对噪声的容忍程度、暴露于强噪声下对听力损伤的危险性、噪声中语言通信的可靠性、各类建筑物的容许噪声级、居民对噪声的反应等制定出更加符合人体健康的噪声控制标准，如《城市区域环境噪声标准》《工业企业厂界噪声标准》等。下面主要叙述国内外部分噪声控制标准。

7.1.1 国内标准

7.1.1.1 声环境质量标准

(1) 声环境质量标准

依据大量的科学测试，评价和研究工作之后，公布了《声环境质量标准》(GB 3096—2008)，规定了声功能的环境噪声限值，适用于声环境质量评价与管理，但不适于受飞机噪声的影响的机场周围区域，声环境质量标准见表 7—1。

表 7—1　声环境质量标准 (GB 3096—2008)　单位：dB (A)

类别		昼间	夜间
0		50	40
1		55	45
2		60	50
3		65	55
4	4a 类	70	55
	4b 类	70	60

上表中，0 类标准适用于疗养区、高级别墅区、高级宾馆区等特别需要安静的区域。位于城郊和乡村的这一类区域分别按严于 0 类标准 5 分贝执行。1 类标准适用于以居住、文教机关为主的区域。乡村居住环境可参照执行该类标准。2 类标准适用于居住、商业、工业混杂区。3 类标准适用于工业区。4 类标准包括 4a 类和 4b 类两种类型。4a 类为高速公路、一级公路、二级公路、城市快速路、城市主干路、城市次干路、城市轨道交通（地面段）、内河航道两侧区域；4b 类为铁路干线两侧区域，适用于 2011 年 1 月 1 日起环境影响评价文件通过审批新建铁路（含新开廊道的增建铁路）干线建设项目的两侧区域。

同时标准还规定，在穿越城区的既有铁路干线，穿越城区的既有铁路干线进行改建、扩建铁路建设项目的情况下，铁路干线两侧区域不通过列车时的环境背景噪声限值，按昼间 70 dB（A）、夜间 55 dB（A）执行。

各类声环境功能区夜间突发噪声，其最大声级超过环境噪声限值的幅度不得高于 15 dB（A）。

（2）机场周围飞机噪声环境标准

机场周围飞机噪声环境标准（GB 9660—1988）见表 7—2。

表 7—2　　机场周围飞机噪声环境标准（GB 9660—1988）　　单位：dB（A）

适用区域	标准值
一类区域	≤70
二类区域	≤75

一类区域为特殊住宅区，居住、文教区。

二类区域为除一类区以外的生活区。

7.1.1.2　环境噪声排放标准

（1）工业企业厂界环境噪声标准

为防治企业噪声污染，改善声环境质量，国家制定了《工业企业厂界环境噪声排放标准》（GB 12348—2008）。标准规定，夜间频发的最大声级超过限值幅度不得高于 10 dB（A）；夜间偶发的最大声级超过限值幅度不得高于 15 dB（A）；工业企业若位于未划分声功能区的区域，当厂界外有噪声敏感建筑物时，由当地县级以上人民政府参照 GB 3096 和 GB/T 15190 的规定确定厂界外区域的声环境质量要求，并执行相应的厂界环境噪声排放限值；当厂界与噪声敏感建筑物距离小于 1 m 时，厂界环境噪声应在噪声敏感建筑物室内测量并将表 7—3 中相应限值减去 10 dB（A）作为评价依据。

表 7—3　　工业企业厂界环境噪声排放标准（GB 12348—2008）　　单位：dB（A）

厂界外声功能区类别	昼间	夜间
0	50	40
1	55	45
2	60	50
3	65	55
4	70	55

表 7—4 规定了工业企业厂区各类地点的噪声标准。表中噪声限制值为工作 8 h 的情况，若工作时间不满 8 h，则按噪声暴露时间减半，噪声限制值增加 3 dB（A）处理。表内的室

内背景噪声是指室内无声源发声的条件下，从室外经由墙、门、窗等（门窗开闭状态为常规状态）传入室内的室内平均噪声值。

表 7—4　　工业企业厂区各类地点的噪声标准（GBJ 87—1985）　　单位：dB（A）

地点类型		限制值/dB（A）
生产车间及作业场所（工人每天连续接触噪声 8 h）		90
高噪声车间设置的值班室、观察室、休息室（室内噪声背景值）	无电话通信要求时	75
	有电话通信要求时	70
精密装配线、精密加工车间的工作地点、计算机机房（正常工作状态）		70
车间所属办公室、实验室、设计室（室内背景噪声级）		70
主控制室、集中控制室、通信室、电话总机室、消防值班室（室内背景噪声级）		60
厂部所属办公室、会议室、设计室、中心实验室（包括试验、化验、计量室等）（室内背景噪声值）		60
医务室、教室、哺乳室、托儿所、工人值班宿舍（室内背景噪声级）		55

（2）社会生活环境噪声排放标准

为更加符合当前社会的健康要求，国家在 2008 年重新修订了《社会生活环境噪声排放标准》，本标准规定了营业性文化娱乐场所和商业经营活动中可能产生环境噪声污染的设备、设施边界噪声排放限值，具体限值见表 7—5。

表 7—5　　社会生活环境噪声排放标准（GB 22337—2008）　　单位：dB（A）

厂界外声功能区类别	昼间	夜间
0	50	40
1	55	45
2	60	50
3	65	55
4	70	55

同时标准还规定，当社会生活噪声排放源边界与噪声敏感建筑物距离小于 1 m 时，厂界环境噪声应在噪声敏感建筑物室内测量并将表 7—4 中相应限值减 10 dB（A）作为评价依据。

另外，在社会生活噪声排放源位于噪声敏感建筑物室内情况下，噪声通过建筑物结构传播至噪声敏感建筑物室内时，噪声敏感建筑物室内等效声级不得超过表 7—6 规定的限值。

表 7—6　　结构传播固定设备室内噪声排放限值　　单位：dB（A）

噪声敏感建筑物声环境功能区	A 类房间		B 类房间	
	昼间	夜间	昼间	夜间
0	40	30	40	30
1	40	30	45	35
2、3、4	45	35	50	40

说明：A 类房间——以睡眠为主要目的，需要保证夜间安静的房间，如住宅卧室、宾馆等

A 类房间——主要在昼间使用，需要保证人们精神集中、正常讲话不被干扰的房间，如会议室、办公室等

(3) 建筑施工厂界噪声排放标准

《建筑施工厂界噪声排放标准》适用于城市建筑施工期间施工场地产生噪声，不同施工阶段作业噪声值见表7—7。表7—7中，如有几个施工阶段同时进行，以高噪声阶段的限值为准。

表7—7　建筑施工厂界噪声排放标准（GB 12523—2000）　单位：dB（A）

施工阶段	主要噪声源	昼间	夜间
土石方	推土机、挖掘机、装载机等	50	40
打桩	各种打桩机等	55	45
结构	混凝土搅拌机、振捣棒、电锯等	60	50
装修	吊车、升降机等	65	55

7.1.1.3　机动车定置噪声标准

由于我国城市交通噪声污染日趋严重，大量在用车辆成为城市道路交通噪声的主要噪声源，迫切需要加强对在用车辆噪声的控制。本标准为对车辆处于定置工况下的噪声进行控制，按照车辆的出厂日期，分为两个时间段实施，具体标准限值见表7—8。

表7—8　机动车定置噪声标准（GB 16170—1996、GB 4569—2005）　单位：dB（A）

车辆类型	车辆排量/燃油种类	噪声限值	
		1998年1月1日	1998年1月1日起
轿车	汽油	87	85
微型客车、货车	汽油	90	88
轻型客车、货车、越野车	$N_r \leqslant 4\ 300$ r/min	94	92
	$N_r > 4\ 300$ r/min	97	95
	柴油	100	98
中型客车、货车、大型客车	汽油	97	95
	柴油	103	101
重型货车	$N \leqslant 147$ kW	101	99
	$N > 147$ kW	105	103
		2005年7月1日	2005年7月1日起
摩托车和轻便摩托车	$Q \leqslant 50$ mL	85	83
	$Q > 50$ mL，$Q \leqslant 125$ mL	90	88
	$Q > 125$ mL	94	92

7.1.1.4　机械产品噪声标准

常见机械产品和家用电器的噪声标准见表7—9。

表 7—9　常见机械产品和家用电器的噪声标准　单位：dB（A）

名称	噪声标准	名称	噪声标准
一般机床	≤85 中低频	家用电冰箱	≤45
精密机床	≤75 中频	家用洗衣机	≤65
罗茨鼓风机	≤90 中低频	手提式电吹风（感应式单相交流电动机）	≤50
发动机（功率≤147kW）	≤78 中低频	手提式电吹风（电激式交直流电动机）	≤85
发动机（功率＞147kW）	≤80 中低频	手提式电吹风（水磁式直流电动机）	≤70

7.1.2　国外标准

国际标准化组织（ISO）及一些国家的听力保护职业噪声标准见表 7—10。

表 7—10　ISO 及各国职业噪声标准　单位：dB（A）

国别	8 h 暴露允许值	暴露时间减半允许值增加量	最高值	备注
ISO	85～90	3	115	ISO 1999－75
澳大利亚	90	3	115	
奥地利	85	3		
比利时	90	5	110	
加拿大	90	5	115	
丹麦	85	3	115	
荷兰	80	3	115	
法国	90	3		
日本	85			按暴露时间给出各频带的限制值
英国	90	3		
美国	90	5		有些协会建议 85
俄罗斯	85	3		

由表 7—10 可知，各国标准均在 85～90 dB 之间。欧洲 85 dB 为多；美洲 90 dB 为主。对于暴露时间不足 8 h 的情况，世界多数国家倾向于等能量观点，即暴露时间减半，允许值增加 3 dB。

7.2　噪声环境影响评价

环境噪声的评价是指对人类生存空间中不同强度的噪声及其频谱特征，以及噪声的时间特征所产生的危害与干扰程序进行的研究。噪声评价以测量分析为主要研究手段，同时也可以结合一些较为成熟的预测评价模式进行较为全面科学的评价。

7.2.1　噪声环境影响评价的目的和意义

环境影响评价作为我国环境管理的一项制度，其目的是贯彻保护环境这项基本国策，认真推行“预防为主、防治结合、综合利用”的环境管理方针。

建设项目在建设过程和建成后运行阶段会不同程度地产生噪声，影响周围人群正常的学习、工作和生活。噪声环境影响评价通过评价查清开发建设活动所在地区的噪声环境质量现状，针对项目的工程特点预测开发建设活动全过程对周围环境可能造成的不良影响的程度和范围，从而规定避免或减少噪声污染的对策措施，为减轻噪声污染、保证居民的身体健康作出贡献。

7.2.2 评价工作程序和内容

环境影响评价技术导则——声环境（HJ/T 2.4—1995），规定的技术工作程序如图 7—1 所示。噪声影响的主要对象是人群，但是在毗邻的野生动物栖息地也应考虑噪声对野生动物生长繁殖以及候鸟迁徙的影响。环境噪声影响评价第一阶段是开展现场踏勘、了解环境法规和标准的规定、确定评价级别与评价范围和编制环境噪声评价大纲；第二阶段是开展工程分析、收集资料、现场监测调查噪声的基线水平及噪声源的数量、各声源噪声级与发声持续时间、声源空间位置等；第三阶段是预测噪声对敏感点人群的影响，对影响的意义和重大性作出评价，并提出消减影响的相应对策；第四阶段是编写环境噪声影响的专题报告。

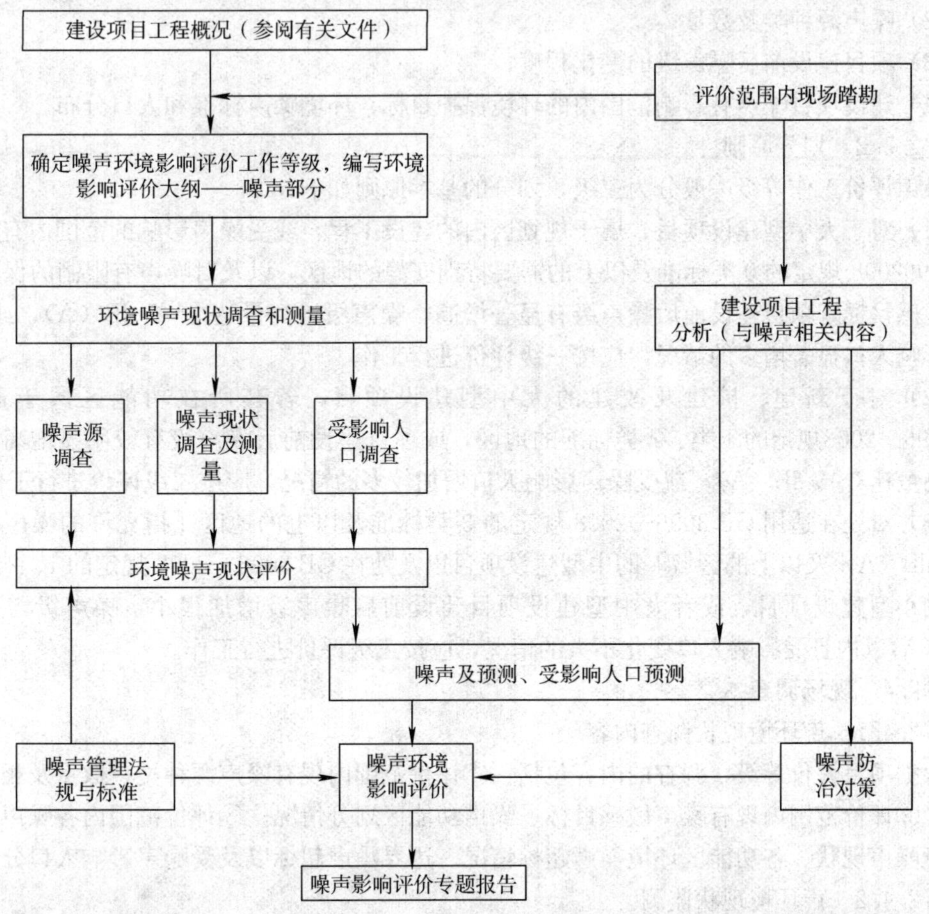

图 7—1 噪声环境影响评价技术工程序

噪声环境影响评价的基本内容包括以下七个方面：

（1）项目建设前环境噪声现状。

（2）根据噪声预测结果和环境噪声评价标准，评述建设项目施工、运行阶段噪声的影响程度、影响范围和超标状况等（以敏感区域或敏感点为主）。

（3）分析受噪声影响的人口分布（包括受超标和不超标噪声影响的人口分布）。

（4）分析建设项目的噪声源和引起超标的主要噪声源或主要原因。

（5）分析建设项目的选址、设备布置和设备选型的合理性；分析建设项目设计中已有的噪声防治对策的适用性和防治效果。

（6）为了使建设项目的噪声达标，评价必须提出需要增加的、适用于评价工程的噪声防治对策，并分析其经济、技术的可行性。

（7）提出针对该建设项目的有关噪声污染管理、噪声监测和城市规划方面的建议。

7.2.3 评价等级划分

7.2.3.1 划分依据

噪声评价工作等级划分的依据包括：

（1）按投资额划分建设项目规模（大、中、小型建设项目）；

（2）噪声源种类及数量；

（3）项目建设前后噪声级的变化程度；

（4）建设项目噪声有影响范围内的环境保护目标、环境噪声标准和人口分布。

7.2.3.2 划分原则

噪声评价工作等级一般分为三级，划分的基本原则如下：

（1）对于大中型建设项目，属于规划区内的建设工程，或受噪声影响的范围内有适用于GB 30962008 规定的 0 类标准及以上的需要特别安静的地区，以及对噪声有限制的保护区等噪声敏感目标，项目建设前后噪声级有显著增高，噪声级增高量达 3～5 dB（A），或以上，或受影响人口显著增多的情况，应按一级评价进行工作。

（2）对于新建、扩建及改建的大中型建设项目，若其所在功能区属于适用于GB 3096—2008规定的 1 类、2 类标准的地区，或项目建设前后噪声级有较明显增高，噪声级增高量达3～5 dB（A），或受噪声影响人口增加较多的情况，应按二级评价进行工作。

（3）对处在适用 GB 3096—2008 规定的 3 类标准及以上的地区［指允许的噪声标准值为 65 dB（A）及以上的区域］的中型建设项目以及处在 GB 3096—2008 规定的 1、2 类标准地区的小型建设项目，或者大中型建设项目建设前后噪声级增加很小，噪声级增高量在3 dB（A)以内且受影响人口变化不大的情况，应按三级评价进行工作。

7.2.4 现场调查

7.2.4.1 声环境现状调查内容

根据项目评价等级，调查的内容包括：①评价范围内现有噪声源种类、数量及相应的噪声级；②评价范围内现有噪声敏感目标、噪声功能区划分情况；③评价范围内各噪声功能区的环境噪声现状、各功能区环境噪声超标情况、边界噪声超标以及受噪声影响人口分布。

7.2.4.2 声环境现状监测

（1）监测点布设原则

1）现状测点布置一般要覆盖整个评价范围，但重点要布置在厂（场）界外现有噪声源和敏感点（保护对象）上和厂（场）界上。

2）对于厂（场）界噪声测量点一般布设在厂（场）外 1 m 处，特殊情况也可布设在厂（场）界内侧。间隔可以为 50～100 m，大型项目也可以取 100～300 m，具体测量方法参照相应的规定。

3）对于整个评价区内（含厂区内）噪声水平的测量一般采用网格法，每隔 10～50 m 划出正方形方格，在交叉点（或中心点）布点测量，重点关注评价区内的保护目标。当评价范围内没有明显的噪声源（如工业噪声、道路交通噪声、飞机噪声和铁路噪声＋且声级较低［＜50 dB（A)］，噪声现状测量点可以大幅度减少或不设测量点。

4）对于建设项目呈现线状声源性质的情况，应根据噪声敏感区域分布状况和工程特点确定若干噪声测量断面，在各个断面上距声源不同距离处布置一组测量点（如 15 m、30 m、60 m、120 m、240 m 等）。

5）对于改、扩建工程，若要绘制噪声现状等声级图，也可以采用网格法布置测点。例如，对于改扩建机场工程，为了绘制噪声现状 WECPNL 等值图，可在主要飞行航迹下离跑道两端不超过 15 km，侧向不超过 2 km 范围内用网格法布设测点，跑道方向网格可取 1～2 km，侧向取 0.5 km。

（2）监测时间

《环境影响技术导则——声环境》对噪声现状监测的时段做出了如下的规定。

1）应在声源正常运转或运行工况的条件下测量。

2）每一测点，应分别进行昼间、夜间的测量。

3）对于噪声起伏较大的情况（如道路交通噪声、铁路噪声、飞机场噪声等），应适当增加昼间、夜间的测量次数，或进行昼夜 24 h 的连续监测。机场噪声必要时进行一个飞行周期（一般为一周）的监测。

7.2.5 预测评价

7.2.5.1 噪声的传播与衰减模式

（1）点声源的衰减

$$\Delta L = 10\lg\frac{1}{4\pi r^2}$$

式中 r——点声源到受声点的距离，m；

在距离点声源 r_1 处至 r_2 处的衰减值为。

$$\Delta L = 20\lg\frac{r_1}{r_2}$$

（2）线声源的衰减

线声源随传播距离的增加引起的衰减值为：

$$\Delta L = 10\lg\frac{1}{2\pi rl}$$

式中 r——线声源到受声点的距离，m；

l——线声源的长度，m。

（3）整体声源的传播与衰减模式

在声环境影响评价中，可以将一个生产车间或市场视为整体声源，如图 7—2 所示。

为评价整体声源对周围环境的影响，可预先求得整体声源的声功率级 L_w，再计算声 传播过程中各种因素造成的衰减 $\sum A_i$，然后求得预测受声点 P 的声级 L_p，具体计算公式如下：

$$L_p = L_w - \sum A_i$$

$$\sum A_i = A_d + A_b + A_a$$

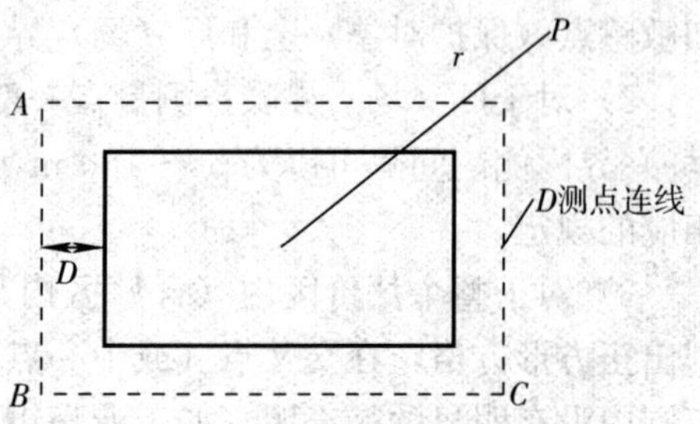

图 7—2　整体声源噪声影响示意图

$$L_w = L_{pi} + 10\lg(2S + hL) + 0.5\alpha\sqrt{S_a} + \lg\frac{\overline{D}}{4\sqrt{S_p}}$$

$$h = H + 0.025\sqrt{S_p}$$

式中　L_w——整体声源的声功率级；

$\sum A_i$——总衰减量；

A_d——距离衰减；

A_b——屏障衰减；

A_a——空气吸收衰减；

L_{pi}——整体声源周界的声级平均值；

L——测点连线总长；

α——空气吸收系数；

S_a——测量线所围成的面积；

h——传声器高度；

H——整体声源平均高度，m，上限为 10 m；

S_b——厂房或车间实际面积；

$\overline{D}$——测量线至厂房界的平均距离。

（4）噪声从室内向室外传播的声级差

设靠近房屋开口处（或窗户）室内和室外的声级分别为 L_1 和 L_2，如图 7—3 所示。

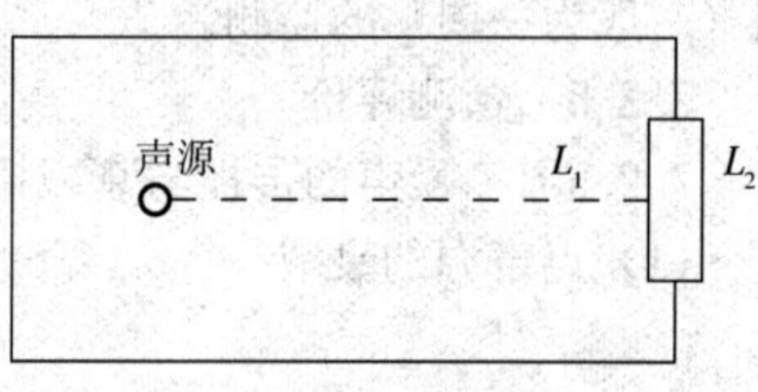

图 7—3　室内声源噪声影响示意图

若声源所在的室内声场近似扩散声场，则声级差为：

$$NR = L_1 - L_2 = TL + 6$$

其中 L_1 可以是测量值，也可按下式计算：

$$L_1 = L_{w1} + 10\lg\left(\frac{Q}{4\pi r_1^2} + \frac{4}{R}\right)$$

式中　TL——隔墙或窗户的损失；

L_{w1}——某个室内声源在靠近开口处产生的声功率级；

r_1——某个室内声源在靠近开口处的距离；

R——房间常数；

Q——方向性因子。

7.2.5.2　交通噪声预测模式

国家环保总局在《中国环境影响评价教材》中推荐公路噪声预测模式，计算预测点接收到的噪声值。公路上行驶的机动车辆分为三类，即重型车—H、中型车—M、小型车—S。车型分类标准见表7—11。

表7—11　　车型分类标准

车型	标定载重	标定座位
小型车S	2 t以下货车	19座以下客车
中型车M	2.5～7.0 t货车	20～49座客车
重型车H	7.5 t以上货车	50座以上客车

各类机动车辆距行驶路面中心线7.5 m处的平均辐射噪声级，可按下列格式计算：

小型车　$Ls = 59.3 + 0.23V$

中型车　$Ls = 62.6 + 0.32V$

重型车　$Ls = 77.2 + 0.18V$

式中　V——车辆平均行驶速度，km/h。设计车速为100 km/h、120 km/h时，V为设计车速的65%；设计车速为80 km/h时，V为设计车速的90%；设计车速为60 km/h时，V为设计车速的100%。

第i类车辆行驶于昼间或夜间，使预测点接收到的交通噪声值为：

$$L_{eqi} = L_i + 10\lg\frac{Q_i}{V_i T} + K\lg(\frac{7.5}{r})^{1+\alpha} + \Delta S - 13$$

式中　L_i——第i类车辆距行驶路面中心7.5 m处的平均辐射噪声级；

Q_i——第i类车辆的车流量，辆/h；

V_i——第i类车辆平均行驶速度，km/h；

T——评价小时数，这里取1 h；

r——预测点距路面中心距离，m；

K——车流密度修正系数，按线一点声源考虑，取10～20；

n——地面吸收、衰减因子；

ΔS——附加衰减，含筑路面性质、坡度、屏障影响。

各类车辆总交通噪声在预测点r的预测值可写为：

$$L_{eq(交)} = 10\lg\left[\frac{1}{T}\sum_{1=1}^{n}10^{0.1L_{eqi}}\right]$$

式中　L_{eqi}——第i类车辆在预测点r处的噪声值。

阅读材料七　长春轻轨交通噪声环境影响评价

一、长春轻轨交通概况

长春市于1999年开始筹建长春轻轨一期工程，长春轻轨1号线（一期工程）已于2002

年开始运营。1 号线从长春火车站到卫光街，全长 14 km，中间共设 15 座停靠站，每辆车定员 244 人，最高时速 70 km，运行 30 min。轻轨交通乘坐舒适，快速方便，是较理想的出行工具，也减轻了大气污染。

目前，长春轻轨二期工程正在建设中。长春轻轨二期工程线路长 16.25 km，沿线共设车站 15 座，其中高架站 8 座，地下站 1 座，其余为地面站，站间距平均为 1.13 km。该工程是已建成并试运营的长春轻轨 1 号线的延续工程。线路走向为：自轻轨 1 号线的终点起，沿卫星路向东，经过东盛大街、会展中心、世纪广场，跨过长伊公路，下穿京哈高速公路，沿长大公路向东南方向延伸到终点净月滑雪场。2005 年长春轻轨二期工程设计近期单向运送能力 9 930 人/h，全日运送能力 108 万人次；2012 年单向运送能力 13 240 人/h；预计 2027 年单向运送能力可达 19 860 人/h。该轻轨设计最高时速 80 km，工程总投资约 59 亿元。

二、轻轨交通噪声环境影响

长春轻轨一期工程沿途经过太阳城等商业区、铁路实验小学、芙蓉路住宅区及医大三院等噪声敏感点，火车站到抚松路段与铁路并行，抚松路到卫光街段距噪声敏感点较远。

1. 噪声监测

（1）噪声监测点。轻轨交通噪声监测点分别设在铁路实验小学和长春工业大学（二级学院）附近，监测距离至轨道中心为 8 m、24 m、32 m 和 48 m。考虑到火车站到抚松路段与铁路并行，在宽平大桥附近的居民楼旁距轨道中心 7.5 m 处对轻轨和铁路噪声同时进行监测。

（2）监测方案。轻轨未通过时的噪声监测，轻轨单独通过时的噪声监测，轻轨和铁路列车同时通过时的噪声监测、轻轨车内噪声监测和有轨电车内噪声监测。

（3）监测结果。轻轨交通噪声监测结果见表 7—12、表 7—13 和表 7—14。

表 7—12　　轻轨交通噪声监测结果

序号	噪声监测点位	监测距离（m）	噪声背景值	轻轨噪声值	噪声增加值
1	铁路实验小学	40	68.10	68.48	0.38
2	长春工业大学	24	62.55	65.01	2.46

表 7—13　　噪声值与监测点至轻轨中心距离关系　　单位：dB

序号	监 76 测距离	轻轨噪声值	噪声距离衰减规律
1	8	66.32	距离近噪声较大
2	24	63.01	距离增加 2 倍，噪声衰减 3 dB
3	32	62.03	距离增加 3 倍，噪声衰减 4 dB
4	48	54.80	距离增加 5 倍，噪声衰减 11 dB

表 7—14　　铁路噪声与轻轨噪声计叠加值对照表　　单位：dB

交通类型	轻轨交通	铁路列车	叠加值
噪声值（dB）	64.36	73.98	74.33

2. 噪声监测结果分析

由表 7—12 可知，轻轨通过时的交通噪声均高于背景值。铁路实验小学附近是太阳城等商业区，校门前机动车川流不息，生意人叫卖声此起彼伏，其噪声背景值较高，轻轨对其影响较小，只增加 0.38 dB。长春工业大学校门前为硅谷大街，机动车流量较小，其噪声背景值也较低，轻轨通过时噪声增加值为 2.46 dB。由此可见，轻轨交通噪声低于 70 dB，低于 GB 12348—90《工业企业厂界噪声标准》Ⅳ类标准，不超标。

由表 7—13 可见，距轻轨中心距越近，噪声越大，噪声随距离增加而衰减，在距轨道中心 48 m 时噪声值为 54.8 dB，已达到 GB 3096—93《城市区域环境噪声标准》1 类标准。

表 7—14 是距轻轨中心 7.5 m 处噪声监测结果。从表 7—14 结果看，铁路噪声要比轻轨噪声高得多。铁路列车和轻轨交通共同产生的噪声比铁路列车单独通过时的噪声高0.35 dB，所以，从长春火车站到抚松路一段，铁路列车噪声环境影响较大，已超过 GB 12348—90《工业企业厂界噪声标准》Ⅳ类标准 4.33 dB。轻轨交通单独运行时产生的噪声均低于 GB 12348—90《工业企业厂界噪声标准》Ⅳ类标准值，即低于 70 dB，不超标。

上述监测结果均是在仪器时间计权为“快”响应，监测时间间隔为 1 min 的条件下测定的。由于长春轻轨的运行时间为 6：00 到 20：00，所以轻轨交通噪声均属于昼间噪声，不存在夜间噪声污染问题。

3. 轻轨车内噪声影响分析

轻轨交通与传统的有轨电车相比，不仅客运量大，而且乘坐舒适，噪声也低于有轨电车。轻轨列车内噪声比有轨电车内噪声低，可见轻轨交通客运量比有轨电车大，而产生的噪声要比有轨电车低得多。

三、交通噪声防治措施建议

长春轻轨交通噪声实际测量结果表明，轻轨列车单独运行时交通噪声对环境影响较小，不超标。但轻轨列车与铁路并行段，铁路列车通过时噪声超标。建议在轻轨与铁路并行段设置声屏障，以降低铁路交通噪声对环境的影响。一般声屏障可降低噪声 8～10 dB，设置声屏障后，可以保证轻轨与铁路并行段交通噪声低于 70 dB，保证噪声不超标。

四、结论

长春轻轨交通运行期噪声评价结果表明，轻轨列车单独运行产生的噪声低于 70 dB，不超标；轻轨与铁路并行段，铁路交通噪声大于轻轨交通噪声，铁路噪声超标，应在并行段设置声屏障，以保证交通噪声不超标；轻轨列车内噪声比传统的有轨电车低 14 dB，有利于乘客的身心健康。

思考与练习

1. 噪声标准对噪声环境影响评价的作用有哪些？
2. 简述噪声环境影响评价的工作程序。
3. 如何确定噪声的评价等级？
4. 噪声点源采用哪些预测模式？

参 考 文 献

[1] 高红武主编．噪声控制技术（第2版）．武汉：武汉理工大学出版社，2009

[2] 潘仲麟主编．噪声控制技术．北京：化学工业出版社，2006

[3] 李耀中主编．噪声控制技术．北京：化学工业出版社，2004

[4] 郑长聚主编．环境工程手册环境噪声控制卷．北京：高等教育出版社，2000

[5] 国家环境保护总局监督管理司．中国环境影响评价．北京：化学工业出版社，2000

[6] 徐世勤，王樯．工业噪声与振动控制（第二版）．北京：冶金工业出版社，1999

[7] 吕玉恒，王庭佛．噪声与振动控制设备及材料选用手册（第二版）．北京：机械工业出版社，1999

[8] 肖洪亮．噪声污染控制．武汉：武汉工业大学出版社，1998

[9] 潘仲麟，张邦俊．环境声学与噪声控制．杭州：杭州大学出版社，1997

[10] 李家华．环境噪声控制．北京：冶金工业出版社，1995

[11] 孙广荣，吴启学．环境声学基础．南京：南京大学出版社，1995

[12] 马大猷．噪声控制学．北京：科学出版社，1987